stung ist jedoch der tägliche "Ertrag" des Windrades. Was nützt uns ein Windrad mit den 500 oder 700 Watt Höchstleistung einer nicht umgewickelten Lichtmaschine, das aber erst bei starkem Wind zu laden beginnt, weil das nötige Getriebe soviel Kraft frißt, daß es vorher gar nicht in Gang kommt? Schließlich weht an den meisten Tagen nur mäßiger Wind.

Am wichtigsten ist jedoch der Standort des Windrades. Jeder Windschatten stört! Schon 20% weniger Wind halbiert die Leistung!

Und nun viel Spaß beim Windradbau!

So fingen wir an: 2 Sperrholzflügel, Keilriemen (Einbandbild, 1977), 4 Sperrholzflügel, 2-stufiges Ketten=getriebe, normale LiMa (1978/79, links), aerodyn. Repeller, 1-stufig Kette, Sturmsicherung (rechts, 1979/80).

Ein Windrad in der „Standard-Bauweise" seit 1994 (S.24), mit „Edel-Bremsmechanik" (S.59).

④ „Fachkunde" zu besonderen Bauteilen

## Wie funktioniert der Repeller?

Repeller, nicht Propeller!

Beide sehen auf den ersten Blick zum Verwechseln gleich aus, sind jedoch in Bau und Wirkungsweise ganz verschieden. Weil aber immer wieder Leute fragen, ob man nicht auch einen alten Flugzeugpropeller fürs Windrad nehmen könnte, machen wir den Unterschied schon im Namen deutlich. Ein aerodynamisch geformtes Profil, wie hier verwendet wird, sieht etwa so aus:

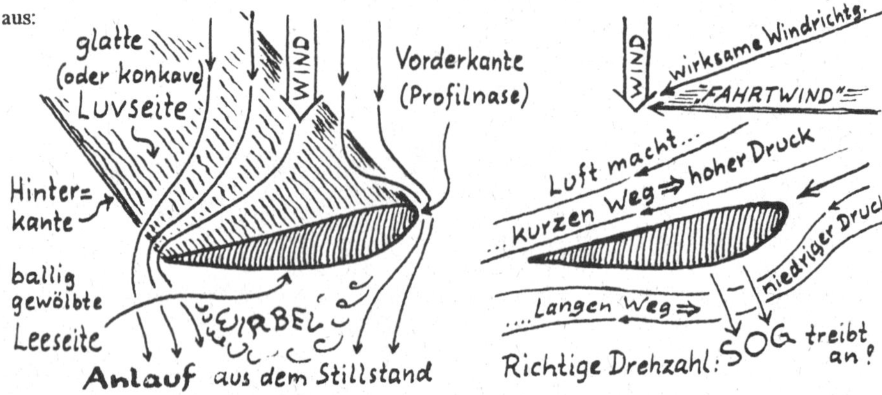


Der Wind weht auf den Repeller aus Richtung der Drehachse. Aber der Repeller dreht sich, und zwar quer zum Wind. Der Wind strömt deshalb mit einer viel höheren Windgeschwindigkeit, zusammengesetzt aus Wind und Fahrtwind, aus der dann wirksamen Windrichtung gegen den Repeller.

Läuft ein Repeller aus dem Stillstand an, kann der Wind ihn nur sehr schlecht antreiben: Die Luvseite steht fast quer zum Wind und an der Leeseite entsteht kaum wirksamer Sog, weil die Anströmrichtung noch falsch ist. Deshalb kommt er nur mühsam in Bewegung. Er muß praktisch ungebremst loslaufen können (kein kraftfressendes Getriebe, Lichtmaschine nicht magnetisiert), sonst läuft er erst bei starkem Wind an.

Sowie der Repeller aber schneller wird, verbessert sich die Anströmrichtung immer mehr, und plötzlich setzt der "aerodynamische Effekt" ein: Der Repeller saust leise zischend in abenteuerlichem Tempo los, weil der richtige Sog auf der Leeseite entsteht. Er kann jetzt ein Vielfaches der Anlaufkraft abgeben, also leicht eine magnetisierte Lichtmaschine treiben. Hat sich die aerodynamische Strömung gebildet und läuft der Repeller mit der vorgesehenen Schnellaufzahl, wirkt der ganze Drehkreis für den Wind als Angriffsfläche, die Flügel laufen so schnell, daß sie für den Wind "überall" zu sein scheinen.

So funktioniert der aerodynamische Effekt: Wird das Profil richtig angeströmt, muß die Luft an der Leeseite viel schneller vorbei als an der Luvseite. Hohe Geschwindigkeit bedeutet jedoch niedriger Druck. Diese Sogwirkung verursacht eine Kraft, die zum Teil in Drehrichtung wirkt und das Windrad antreibt.

Wenn der Repeller so schnell durch die Luft saust, kriegt er auch ihren Widerstand "zu spüren". Der muß möglichst klein sein, rauhe Oberflächen, Fehler im Profil, breite Hinterkante usw. verursachen Widerstand und bringen Krach statt Kraft.

# Windkraft ? Ja bitte ... !



Wer heute über Strom aus natürlicher Energie nachdenkt, findet Solarzellen, Windräder oder Wasserräder als Alternative.

Ein kleines Wasserrad wäre unglaublich ideal, aber wer hat schon einen Bach in der Nähe? Solarzellen sind, wenn sie jahrelang benutzt werden, tatsächlich energiesparend, denn ihre Herstellung verbraucht inzwischen weniger als die Zellen, so lange wie sie halten, im Dauergebrauch abgeben. Außerdem sind sie im Gegensatz zum Windrad praktisch wartungsfrei. Doch sie haben zwei entscheidende Nachteile: Die Herstellung ist der Industrie vorbehalten, die sich's reichlich teuer bezahlen läßt. Nur an überteuertem, zum Teil unnötigem Zubehör können wir sparen: Laderegelung, Batterien (s.S. 69,71 ). Und im Winter,wenn wir den meisten Strom brauchen, liefern Solarzellen fast nichts! Du mußt Dir schon für einige tausend Mark Zellen auf's Dach packen und auch bei der tiefsten Wintersonne darf kein Schatten darauf fallen, sonst reicht es im Winter nicht einmal für's Licht...

Solarzellen sind also eher als Ergänzung zum Windrad bei Flaute im Sommer sinnvoll. Ein Windrad dadegen bringt gerade dann viel Strom, wenn man den meisten braucht, nämlich im windigen Winter. Mit einem fabrikmäßigen Kleinwindrad ist die Strom-Selbstversorgung leider kaum billiger als mit Solarzellen, aber Windräder können wir auch selber bauen! So fing es bei uns an:

Als das Atomkraftwerk in Brokdorf gebaut werden sollte, waren wir alle mächtig sauer. Aber das reichte nicht. Wenn schon "die Großen" nichts Vernünftiges machten, wollten wenigsten wir nicht mehr von ihnen abhängig sein. Noch schöner: Ein Windrad wäre ein sichtbares Zeichen für den Umweltschutz, aber es muß auch funktionieren! Nicht so wie der "Growian", mit dem uns einst die selben Firmen, die uns AKW's bescherten, beweisen wollten, daß Windkraft nicht funktioniert (und die sich damals z.B. gegnüber Dänemark ganz jämmerlich blamierten...)

Ach, wie freuten wir uns, als sich unser erstes Windbastelwerk 1977 zu drehen begann - ein Zweiflügler (2.60 m Durchmesser) mit flachen Sperrholzblättern trieb per Keilriemenübersetzung eine alte Autolichtmaschine. Die lädt nämlich erst ab 900 U/min, da muß schon eine hohe Übersetzung her, und dann natürlich ein großer Repeller, damit er das Getriebe überhaupt in Bewegung bringt. Und bei Windstärke 5 endlich zeigte das Ampèremeter den ersten Ladestrom, welch ein Jubel! Nur - eigentlich hätte es ja schon bei etwas schwächerem Wind laden sollen. Der Keilriemen machte es einfach zu schwergängig...

Naja, dachten wir, mit Fahrradketten wird's wohl leichter laufen! In der Tat, jetzt reichten gute 3 Windstärken zum Laden, doch leider war das Gerassel der Ketten meilenweit zu hören. Aber wir waren so glücklich über den funzelnden Schein der Glühbirnen in unserer Hütte, daß wir uns sogar ans Kettengeschepper gewöhnten. Und weil das Windrad manchmal eben doch nicht recht Strom brachte, standen die Kerzen immer bereit. Doch, oh weh, nach dem ersten Sturm lag das ganze Bastelwerk am Boden!

So oder ähnlich mag es vielen Bastlern "der ersten Stunden nach Brokdorf" gegangen sein, und auch heute entsteht allzuleicht mangels Erfahrung ein Ungetüm, das laut kreischend die ganze Nachbarschaft zu Windkraftgegnern macht und sich obendrein beim nächsten Sturm gleichmäßig über die Gärten der Umgebung verteilt...

Wir experimentierten noch mit einfachen Lichtmaschinen und Kettengetriebe, bauten alles stabiler und mit Sturmsicherung, versuchten, den Krach zu dämpfen und bauten schließlich den ersten aerodynamischen Holzrepeller, um die Übersetzung zu verringern. Doch der richtige Weg war das noch nicht.

1979 wagte ich mich an das Umwickeln der ersten Lichtmaschine (Wechselstrom). Es gelang auf Anhieb und ersparte die zweite Übersetzungsstufe, also das lauteste Gerassel. 1980/81 war es endlich soweit: Ein schnell laufender aerodynamischer Holzrepeller trieb direkt, ohne Getriebe, eine umgewickelte Drehstrom-LiMa. Voller Erfolg, endlich war ein leises Windrad da. Es lieferte sogar schon bei ganz schwachem Wind Strom!

Seitdem sind über 16 Jahre vergangen. Wir bauten und prüften viele Varianten dieses Typs, verbesserten Details und entwickelten "Rezepte" für Sonderfälle (extremes Schwachwindgebiet oder große Sturmgefahr). Was einmal als "nutzlose Schrottbastelei" belächelt wurde, entwickelte sich zu leistungsfähigen und dauerhaften Windrädern, die den Vergleich mit Industrieprodukten nicht zu scheuen brauchten, wie der 1.Preis auf einem bundesweiten Klein-Windrad-Bauwettbewerb bewies.

Nicht etwa die Wahl feinsten Industriematerials oder der Glanz eines chicen Designs machen die Qualität eines Windrades aus. Im Gegenteil, das vernichtet seinen ökologischen Nutzen. Auf's "gewußt wie" beim Einsatz einfacher Materialien und Methoden kommt es an! Grundsatz beim Bau: Richte nie indirekt mehr Schaden als Nutzen an. Wenn das Windrad die Energie, die zu seiner Herstellung verbraucht wurde, nicht wieder einbringt, solltest Du lieber gleich einen "Atomstrom-ja bitte"-Button tragen.

Denke daran: Schon die Herstellung von Material versaut die Umwelt und die Leute leiden dabei unter gefährlicher oder stumpfsinniger Arbeit. Jedes Kilo Alu fraß 24 KWh (Atom)Strom und verpestete das Land mit Fluoriden. Laßt euch von Perfektionisten nichts erzählen: Aluminium ist zum Windradbau ebenso unnötig wie Glasfaser-Kunsstoff, der in Herstellung und Verarbeitung umwelt- und gesundheitsschädlich ist. Laßt die Finger auch von Zement und Beton, denn ein Zentner Zement frißt in der Herstellung so wahnsinnig viel Energie, daß sie das Windrad bestenfalls in fünf Jahren wieder eingebracht hat. Und der Dreck aus dem Fabrikschornstein bleibt trotzdem. Auf die überall empfohlenen Betonanker können wir getrost verzichten; unser Windrad steht auf einem richtigen Holzmast mindestens ebenso sicher. (S.66)

Bitte verwendet nur Materialien, die anderswo weggeschmissen werden, und natürliche Stoffe wie Holz, Leinöl usw., die Lichtmaschine und etwas Stahlrohr vom Schrottplatz. Auch die Batterien, das giftigste Kapitel beim Windradbau, auf das man leider nicht verzichten kann, holt unbedingt von der Schadstoffsammlung oder vom Schrott. Nur ein paar Kleinteile werdet ihr vielleicht kaufen müssen und leicht bekommen. So wird das Windrad nicht nur tatsächlich ökologisch, sondern auch unschlagbar billig.

Weil das Windrad so wenige Teile hat, ist es besonders leicht zu bauen. Doch an den wesentlichen Teilen, Repeller und Lichtmaschine, ist sehr sorgfältige Arbeit nötig, denn aus "Einfälle statt Abfälle" soll nicht "Ausfälle und Unfälle" werden! Deshalb sind hier alle Bauschritte genau beschrieben, so daß man alles von Hand und ohne Spezialwerkzeug machen kann.

Diese Bauheft hat 4 Teile:

- den Theorie-Teil darüber, wie Repeller, Lichtmaschine usw. funktionieren,
- den Bauanleitungsteil für ein einfaches und gutes Windrad nach dem "Grundrezept": Autolichtmaschine umwickeln, schnell laufenden Holzrepeller draufsetzen, Anlaufhilfe und Massenträgheitsmomentenausgleich (fehlt in fast allen anderen Selbstbauplänen!), Sturmsicherung und Notbremse,
- den Teil über das Aufstellen, das Verwenden und Speichern des Stromes
- und schließlich den Teil mit Varianten, Vereinfachungen oder ganz edlen Bauweisen und Tricks.

Das "Standard-Windrad" nach der Bauanleitung lädt ab ca. 4 m/sek Windgeschwindigkeit (Windstärke 2), hat 1,7 m Repeller-Durchmesser und ca. 200 Watt Höchstleistung. In den Varianten sind Bauweisen für andere Windverhältnisse und Leistungen gezeigt. Interessanter als die Höchstlei-

"Schnelläufigkeit":

Das Flügelende läuft schneller als die Windgeschwindigkeit um, die Schnellaufzahl (bei unserem Repeller $\lambda = 7,5$) nennt das Verhältnis, um wieviel schneller die Flügelspitze als der Wind laufen muß, damit die Strömung am Profil ideal ist. Muß der Repeller (z.B. weil die LiMa nicht paßt) langsamer oder wesentlich schneller laufen, gibt er nur wenig Leistung ab, stattdessen viel Lärm.

Die Profilform muß auch zur Schnelläufigkeit passen! Ein Profil, das schnell die Luft durchschneidet, ist dünn und schmal, eins, das langsam und kraftvoll laufen soll, dicker und breiter. Schon mit einem "Pi-mal-Daumen"-Profil kann ein Repeller recht gut laufen, aber an den Stellen, die nicht strömungsgerecht sind, gibt es Wirbel, die Geräusche machen und Leistung schlucken. Besonders bewährte Profile sind für die Fliegerei untersucht worden und in "Profilkatalogen" zu finden. Profile mit ebener Luvseite sind einfach herzustellen, also für uns günstig.

Jedes Repellerblatt hat in sich schneller und langsamer laufende Stellen:

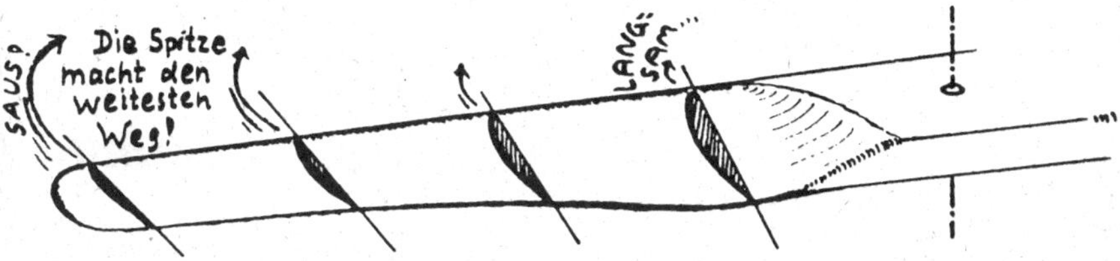


Ein richtig edler Repeller hat daher eine "Verwindung", also ist der Anstellwinkel an der Nabe groß und das Profil dick, an den Spitzen klein und dünnes Profil. Für die Stabilität ist das auch gut: Leichte Flügelspitzen verursachen wenig Fliehkraft, und an der Nabe, wo sich die Kräfte konzentrieren, soll der Repeller dick sein. Auf keinen Fall umgekehrt!

So ein Repeller läuft wunderbar leise bei hoher Leistung und läuft auch leicht an, weil der nabennahe schräge Bereich schon aus dem Stillstand heraus viel Kraft gibt. Ein "vielseitiges" Profil sorgt dafür, daß der Repeller auch bei böigem Wind stets noch richtig angestömt wird.

Unsere Windräder stehen in einer Höhe, wo der Wind sehr böig ist, die Windgeschwindigkeit also schneller wechselt, als die Repellerdrehzahl folgen kann. Ein Theorierepeller würde ein paar Sekunden lang richtig angeströmt und Bestleistung bringen, einen Moment später falsch und fast nichts mehr leisten. Selbst einfache Repeller pendeln sich in der Drehzahl so ein, daß das äußere Drittel des Blattes, das die meiste Kraft bringt, etwa richtig angeströmt wird. Bei plötzlichen Böen oder "Windlöchern" wandert der im richtigen Winkel angeblasene Bereich mehr nach außen oder zur Nabe, der Repeller läuft aber gleichmäßig weiter.

Das freistehende Windrad kann bestenfalls 2/3 der Windleistung in mechanische Leistung umsetzen; dazu muß der Wind auf 1/3 seiner vorherigen Geschwindigkeit vom Windrad abgebremst werden. Mehr geht nicht, sonst würde der hinterm Windrad fast stillstehende Wind wie eine Mauer den nachkommenden Wind stoppen.

Die Leistung wächst mit dem Durchmesser hoch 2 (weil für den Wind die ganze Drehkreisfläche Angriffsfläche ist) und mit der Windgeschwindigkeit hoch 3. Doppelter Wind = 8-fache Leistung!

## ⑥ 2 oder 3 Flügel ?

An großen Windrädern sehen wir fast nur Dreiflügler. Grund: Bei mindestens 3 Flügeln ist deren Masse gleichmäßig um die Achse verteilt, so daß es bei der Steuerbewegung keine Erschütterungen geben kann (s.S. 6), aber es sind Getriebe-Windräder.

Für Direktantriebs-Windräder brauchen wir höchstmögliche Drehzahl, und ein Zweiflügler läuft schon konstruktionsbedingt schneller als ein Dreiflügler mit gleichen Blättern, denn: Bis der nächste Flügel in den vom vorigen Flügel abgebremsten Wind kommt, kann der Zweiflügler eine halbe Umdrehung machen, der Dreiflügler aber nur eine Dritteldrehung.

Unsere Flügelform hat als Zweiflügler $\lambda = 7{,}5$ Schnelläufigkeit, das paßt zur LiMa, als Dreiflügler nur ca. $\lambda = 5$, zu langsam. Um damit doch $\lambda = 7{,}5$ zu erreichen, müssen wir die Flügel flacher anstellen, aber weil die Winkel dann sehr klein sind, machen sich Ungenauigkeiten stärker bemerkbar.

Vorteile des Zweiflüglers:
- Material gespart
- Arbeit gespart
- einfacher ausreichend genau zu bauen
- weniger Gewicht

Vorteile des Dreiflüglers
- Massenträgheitsmomentenausgleich gespart
- absolute Laufruhe

## Wozu der „Massenträgheitsmomentenausgleich"?

Jeder noch so gut ausgewuchtete 2-Blatt-Repeller verursacht immer Vibrationen, denn, wenn er sich dreht, setzt er jeder Steuerbewegung um den Mast ruckweise starken Widerstand entgegen.

Steht der Repeller senkrecht, wirkt seine Trägheit minimal gegen die Steuerbewegung. Sekundenbruchteile später steht er waagrecht und seine Trägheit stoppt die Steuerbewegung ganz gewaltig. Drehst Du Dich auf einem Drehstuhl und spielst mit den Armen "Repeller", kannst du den Effekt selbst spüren.

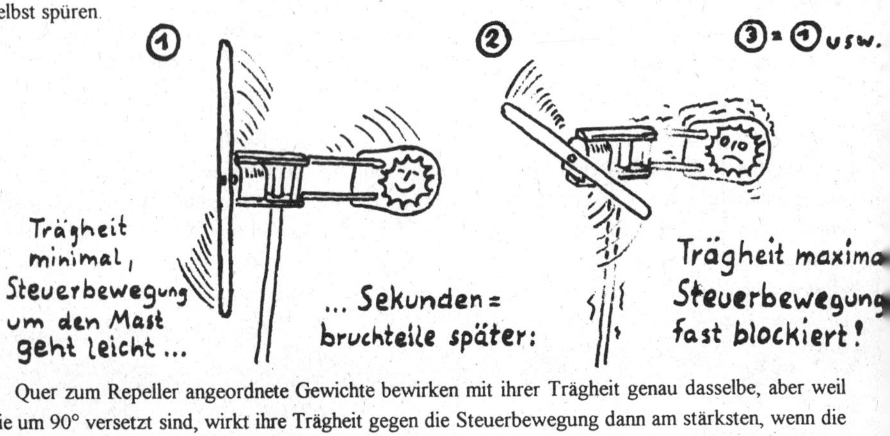


Quer zum Repeller angeordnete Gewichte bewirken mit ihrer Trägheit genau dasselbe, aber weil sie um 90° versetzt sind, wirkt ihre Trägheit gegen die Steuerbewegung dann am stärksten, wenn die des Repellers am schwächsten wirkt, und umgekehrt.

Hier verwenden wir die Anlaufhilfsflügel als Gewichte. Ist deren Massenträgheitsmoment und das des Repellers um die Rotorachse gleich, verläuft die Steuerbewegung praktisch ohne Erschütterungen. Man kann nur davor warnen, einen größeren Zweiflügler mit Windfahne ohne diesen Massenträgheitsmomenten-Ausgleich zu bauen: Starker böiger Wind schwenkt ihn immer hin und her, es entstehen Kreiselkräfte, die mit der doppelten Repellerdrehzahl schwanken und die Lager ausnudeln oder sogar zum Dauerbruch der Achse führen können! Auch unsere Windräder nach diesem Heft sollten für Dauerbetrieb wenigstens einen groben Massenträgheitsmomenten-Ausgleich haben.

# Wie funktioniert eine Auto-Lichtmaschine?



Beim Fahrraddynamo dreht sich in der Mitte ein Dauermagnet, um den Magneten herum sitzen Spulen, in denen das drehende Magnetfeld Strom erzeugt. Die Kraft des Dauermagneten ist immer da, wir spüren sie deutlich, wenn wir mit der Hand langsam am Rädchen drehen. (Genau erklärt im Heft "Winkraft?- Ganz einfach")

Drehstrom - LiMas (und die selteneren Wechselstrom - LiMas) funktionieren im Prinzip genauso. In der Mitte dreht sich kein Dauermagnet, sondern ein Elektromagnet (das "Polrad" auf dem Läufer). Deshalb läßt sich der Läufer einer nicht arbeitenden LiMa ganz leicht drehen. Damit die LiMa Strom erzeugen kann, muß die Spule des Elektromagneten (die "Feldspule") Strom kriegen. Dann läßt sich der Läufer ziemlich schwer drehen und das starke Magnetfeld erzeugt in der Wicklung des Stators Drehstrom (bei Wechselstrom - LiMas Wechselstrom). Zum Batterieladen und für die Feldspule ist aber Gleichstrom nötig. Darum fließt der Strom, bevor er aus der LiMa herauskommt, noch durch Gleichrichter - Dioden. Dabei wird ein Teil abgezwackt zum Versorgen der Feldspule, der Rest geht in die Batterie.

## Die wesentlichen Teile einer Drehstrom-Lima:

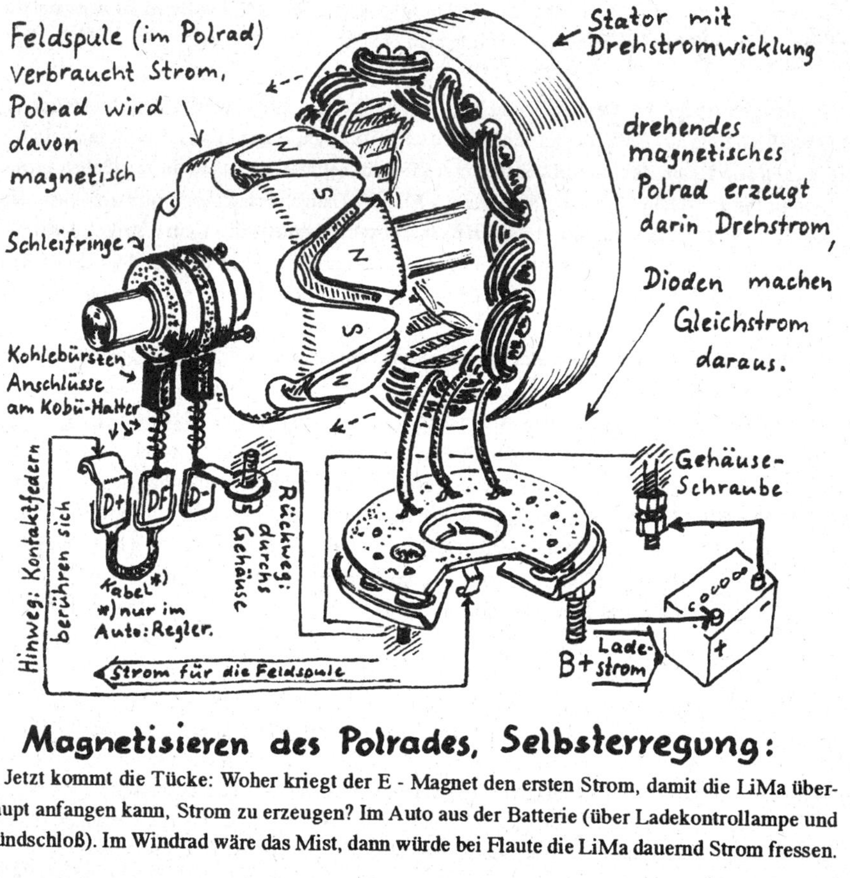


## Magnetisieren des Polrades, Selbsterregung:

Jetzt kommt die Tücke: Woher kriegt der E - Magnet den ersten Strom, damit die LiMa überhaupt anfangen kann, Strom zu erzeugen? Im Auto aus der Batterie (über Ladekontrollampe und Zündschloß). Im Windrad wäre das Mist, dann würde bei Flaute die LiMa dauernd Strom fressen.

(8) Also müßte der Wind einen Schalter für diesen Strom betätigen. Leider unzuverlässig...

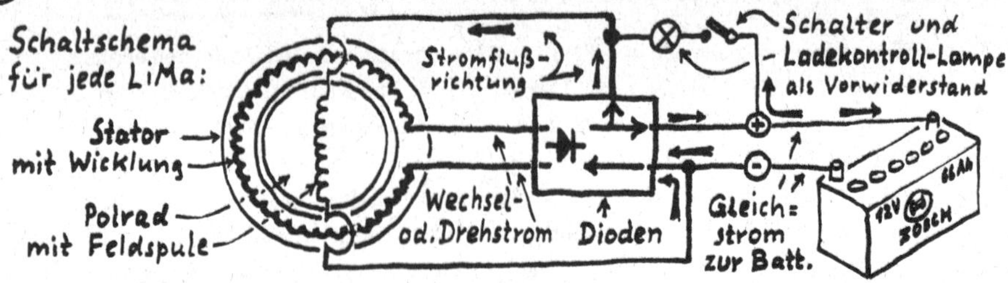


Doch da kann uns der Erdmagnetismus helfen. Außerdem bleibt vom letzten Mal Stromerzeugen ein kleiner Restmagnetismus im Eisen der LiMa zurück, so wenig, daß wir ihn nicht fühlen beim Drehen am Läufer. Sogar dieser Restmagnetismus reicht schon, um ganz wenig Elektrizität im Stator zu erzeugen. Doch leider kommt die nicht raus (außer wenn wir die LiMa ganz fürchterlich schnell drehen), denn die Gleichrichterdioden lassen nicht alles durch. In einer Richtung, in der nie Strom fließen soll, lassen sie gar nichts durch, doch auch in der anderen Richtung lassen sie erst durch, was mehr als 0,7 Volt pro Diode ist (wie ein Staudamm, über den nur fließt, was höher als der Staudamm ist).

Wenn es gelingt, Strom an den Dioden vorbei herauszuholen, in Gleichstrom zu verwandeln und damit die Feldspule zu versorgen, würde sich die LiMa ohne Hilfsstrom von außen selbst magnetisieren, d.h. sie wäre "selbsterregend".

Und das gelingt z.B. so: Bei der "Rombach - Schaltung" (weil von Peter Rombach entwickelt) wird Wechselstrom aus der LiMa an den Dioden vorbei abgezapft und in Kondensatoren geleitet. Die wirken wie kleine Batterien: Drehen wir am Polrad, nehmen sie das kleinste bißchen Strom auf und geben es wieder ab, ohne "Staudamm - Effekt". Dadurch, daß nun Strom zwischen den Kondensatoren und der Spule hin- und herfließt, entsteht Magnetismus (jeder Strom, der fließt und nicht am Staudamm hängenbleibt, erzeugt Magnetismus!), dadurch erzeugt die LiMa sofort mehr Strom, mehr Magnetismus entsteht, und in Sekundenbruchteilen hat sie sich voll magnetisiert.

Wichtig ist, daß wir jetzt die Kondensatoren wegschalten, sonst fließt beim Laden auch starker Strom zwischen den Kondensatoren und der Spule hin- und her, der nach der Selbsterregung völlig nutzlos ist und erhebliche Verluste macht. Dazu dient das Relais (Details s.S.89).

Weitere Möglichkeiten: Den Strom für die Feldspule nicht über die eingebauten Dioden gleichrichten. Es sind Silizium - Dioden, die brennen zwar nur selten durch, aber haben den "Staudamm - Effekt" von 0,7V. Es gibt inzwischen auch recht robuste Spezial - Dioden, "Schottky - Dioden", die haben nur 0,2 - 0,3V "Staudamm - Effekt". Type SB 5-60 hält 5 Amp. und 60V aus und kostet unter 3 DM im Elektronik - Fachhandel. Ein Gleichrichter daraus läßt schon unter der Ladebeginn - Drehzahl den vom Restmagnetismus erzeugten Strom durch und macht die LiMa dadurch selbsterregend. Fast ebenso gut (0,4 V Staudamm-Effekt) und manchmal noch im Müll zu finden sind starke alte Germanium-Dioden (Typen OY... oder AY... ) oder als Diode geschaltete Germanium-Leistungstransistoren. (Typen AD..., Kollektor und Basis verbinden).

Sehr wichtig hierbei: Diese Spezial-Dioden halten nur den Feldstrom aus, der Ladestrom darf nicht über sie fließen, sonst überlastet er sie sofort. Darum trenne die Stromkreise für beide Ströme: Unterbrich die elektrische Verbindung von der Feld-Minus-Kohlebürste zum Gehäuse!!!

Praktizieren wir kleine Dauermagneten in einige Polradpole, wird die LiMa in Originalschaltung schon selbsterregend. Absolut unempfindlich, aber fummelige Fräsarbeit für Feinmechaniker.

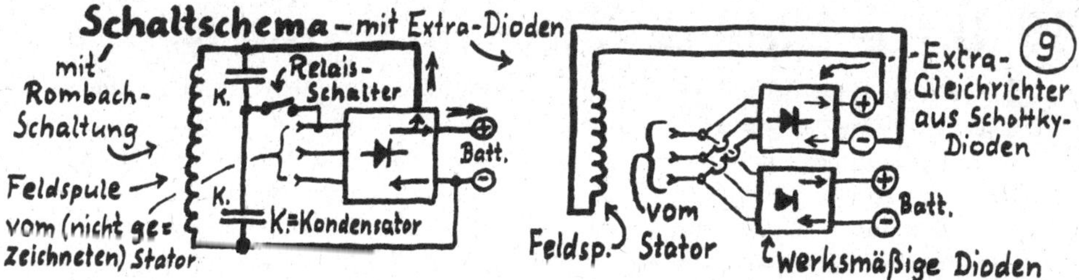

DrehstromLiMa, offens Vordere Gehäusehälfte mit Polrad — Stator — hintere Gehäusehälfte, darin Dioden davor: Kohlebürstenhalter

# Umwickeln...-warum?

Worauf es bei einer LiMa für Windräder ankommt, ist Ladebeginn bei niedriger Drehzahl, und hoher Wirkungsgrad vor allem bei schwachem Wind. Die Höchstleistung ist unwichtig, sie nützt uns ja nur bei Sturm etwas. Besser, die LiMa gibt schon beim häufigen schwachen Wind ein bißchen Leistung ab.

Werksmäßig laden Auto-LiMas erst ab ca. 750-900 U/min, einige erst ab noch höherer Drehzahl (für uns schlecht). Prüfe es mit regelbarer Bohrmaschine und "Stroboskopscheibe" (S.88).

Zum Direktantrieb muß die LiMa schon bei viel niedrigerer Drehzahl laden (ab ca.300-400 U/min). Sonst bräuchten wir ein Getriebe, das viel Kraft auffrißt, deshalb auch einen viel größeren Repeller; wir hätten viel mehr Bauaufwand und immer noch keinen Strom bei schwachem Wind...
Unser Trick ist das "elektrische Getriebe ohne Reibung" - darum das Umwickeln. Je niedriger die Drehzahl, umso niedriger die Spannung, die in jeder Windung erzeugt wird. Aber: die Spannungen, die in jeder Windung erzeugt werden, addieren sich. Also können wir aus mehr Windungen doch wieder 12 Volt rausholen!

Doch bedenke, daß die Leistung aus Magnetfeld mal Drehzahl entsteht, also kann eine langsamer getriebene umgewickelte LiMa nur entsprechend weniger Leistung abgeben als eine schnell getriebene werksmäßige LiMa.

# ⑩ So entsteht der Strom in der LiMa:

Es ist gut zu wissen, wo und wie der Strom im Stator entsteht, wenn wir das Umwickeln nicht nur stur nachmachen wollen, sondern auch verstehen wollen, warum es wie gemacht wird.

Zum Stromerzeugen brauchen wir ein Magnetfeld, einen Draht und Bewgung. Ob Magnetfeld oder Draht oder beide sich in verschiedener Weise gegeneinander bewegen, ist egal.

Die Elektronen (Modellvorstellung für die "Substanz" des Stroms) werden immer quer zum Magnetfeld und quer zur Bewegungsrichtung gescheucht (s.Heft "Windkraft - Ganz einfach").

Bei der LiMa bewegt sich das Magnetfeld, wenn sich das Polrad dreht, und die Drähte der Wicklung im Stator stehen still. Der Einfachheit halber erkläre ich zuerst die <u>Wechselstrom-LiMa</u>, denn sie hat die gleiche Zahl von Polen an Polrad und Stator. Betrachten wir mal nur zwei benachbarte Polradpole, deren Magnetfeld und zwei Drähte im Stator:

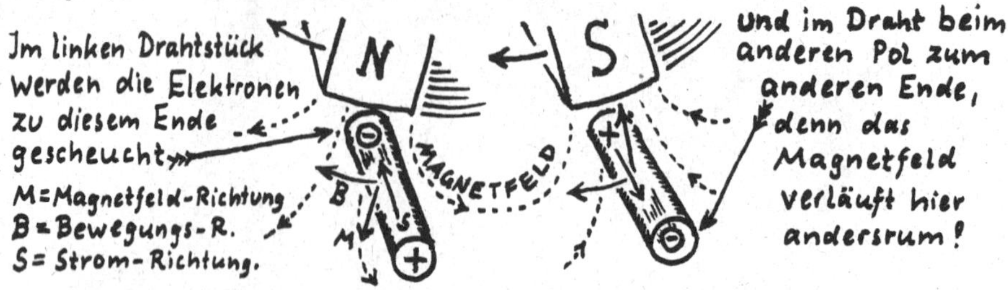


Verbinden wir beide Drähte, gibt's zwischen den Enden doppelt so viel Spannung, denn Elektronen sind unheimlich schnell und flitzen sofort so weit, wie sie können, nämlich bis zum Drahtende!

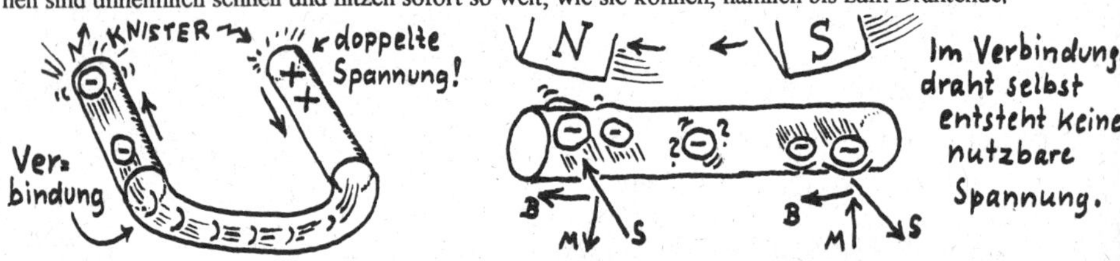


Doch leider entsteht in den Verbindungsdrähten keine nutzbare Spannung, weil sie in der falschen Richtung laufen. Die Elektronen werden hier quer zum Draht gescheucht.

Um richtig viel Spannung zu bekommen, hat der Stator einen Eisenkern, der das Magnetfeld verstärkt. Das Polrad hat nicht nur zwei, sondern meist 12 Pole, damit das hier erklärte Spielchen an vielen Stellen zugleich passieren kann, und entsprechend viele Drähte sind im Stator: Je mehr, umso höhere Spannung kann entstehen. Hauptsache, wir verbinden die Drähte so, daß der Strom überall richtig herum fließt, egal in welcher Reihenfolge.

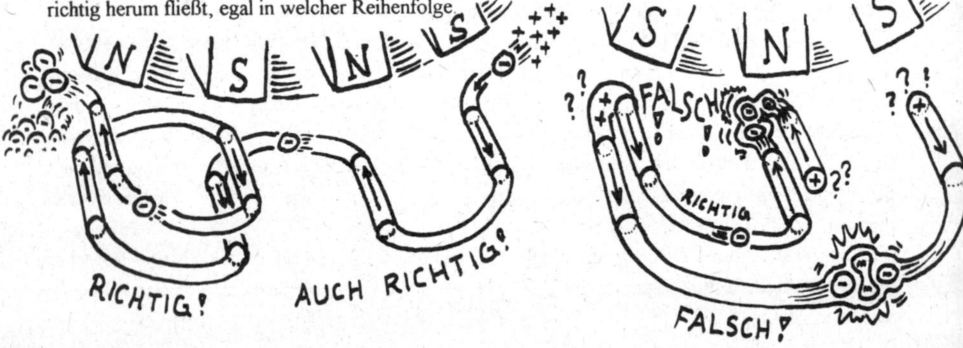

Die Verbindungen sollen möglichst kurz sein, sie tragen ja nicht zur Stromerzeugung bei, sondern machen Verluste, weil der Strom nicht ganz ohne Widerstand durch sie fließt. Um den Widerstand gering zu halten, nimmt man außerdem möglichst dicken Draht, aber nicht zu dick, damit noch genügend viele Drähte in jede Nut passen.



In der Praxis legt man nicht erst einzelne Drähte in die Stator-Nuten, um sie nachträglich mühsam zu einem langen Draht zu verbinden, sondern man nimmt gleich einen langen Draht und wickelt ihn durch die Nuten hindurch. Verschiedene Methoden sind möglich (s.S. 12).

Im Betrieb geht an jedem Draht immer abwechselnd Nord- und Südpol vorbei, entsprechend werden die Elektronen abwechselnd mal zum einen, mal zum anderen Ende des Drahtes gescheucht, heraus kommt Wechselstrom.

Eine Drehstrom-LiMa ist eine „dreifache Wechselstrom-LiMa“: Der Stator hat, verglichen mit den Polen des Polrades, 3 x so viele Nuten. In den Drähten von 3 benachbarten Nuten wird zeitlich versetzt Strom erzeugt. Darum hat die LiMa 3 voneinander getrennte Wechselstromwicklungen.

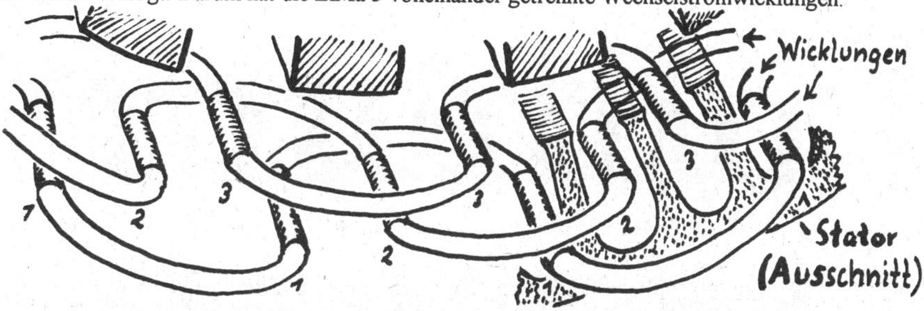


Die 3 entstehenden Wechselspannungen könnten wir einzeln gleichrichten und nutzen. Schalten wir aber die 3 Wicklungen in der sogenannten "Sternschaltung" zusammen, kriegen wir eine höhere Spannung raus:

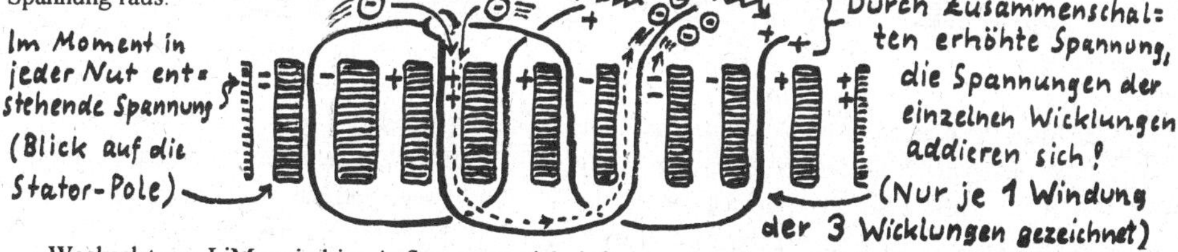


Wechselstrom-LiMas sind im Aufbau zwar viel einfacher, aber heute sind Drehstrom-LiMas üblich geworden, weil sie nicht ruckweise und daher leise und vibrationsfrei laufen (Autos sind trotzdem laut), und weil der Drehstrom nach dem Gleichrichten weniger pulsiert, was zum Batterieladen besser ist:

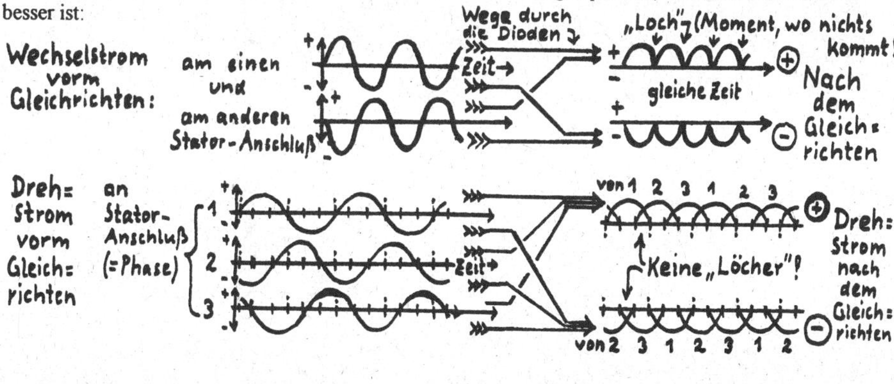

## ⑫ Verschiedene Wicklungsarten sind möglich:

Ich zeichne die Wicklungen so auf, als wäre der Stator durchgesägt und flachgebogen. Man sieht auf die Pole. Hier die Wechselstrom-LiMa: (2 CV Original)

Das Polrad, wie eine "Reifenspur" aufs Papier abgedruckt, sieht dann so aus:

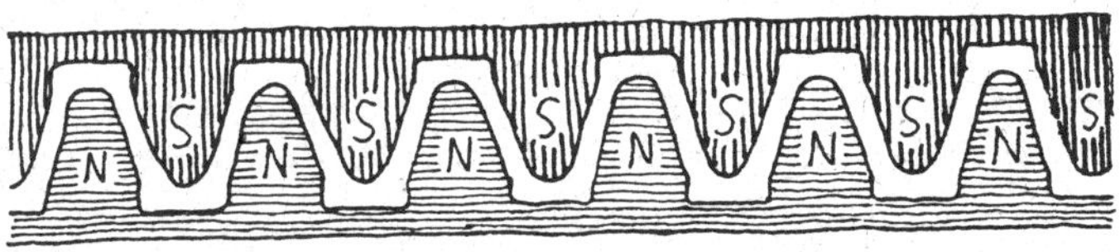


Bewegen sich Stator und Polrad gegeneinander, wechselt bei den einen Nuten (markiert mit A) das Magnetfeld gerade von Süd nach Nord, in den anderen (B) gerade von Nord nach Süd. In den Drahtstücken bei A werden die Elektronen also gerade so rum (Pfeil) gescheucht, bei B andersrum, vgl. S. 10. Richtig ist jede Wicklung, bei der der Strom auch entsprechend in abwechselnder Richtung durch die Nuten geht. Verfolge den Draht vom Anfang und prüfe, ob der Strom richtig laufen kann. In welcher Reihenfolge er durch die Nuten geht, ist egal, Hauptsache, die Richtung stimmt.

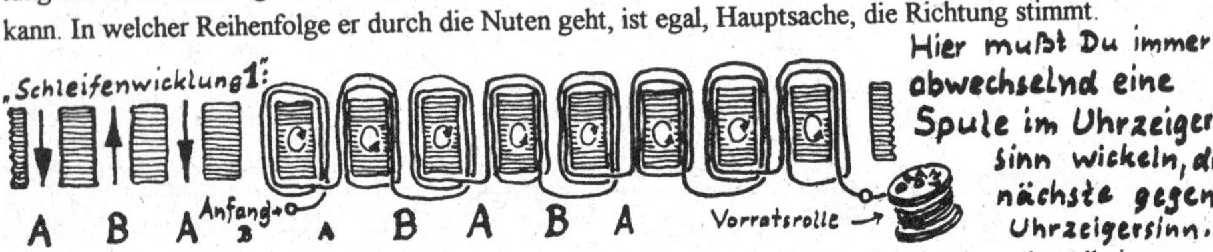


Du kannst auch die halbe Anzahl Spulen mit je doppelter Windungszahl wickeln, dann aber alle im gleichen Wickelsinn. Da bei beiden Arten gleich viele Drähte in den Nuten sind, kommt die gleiche Spannung raus.

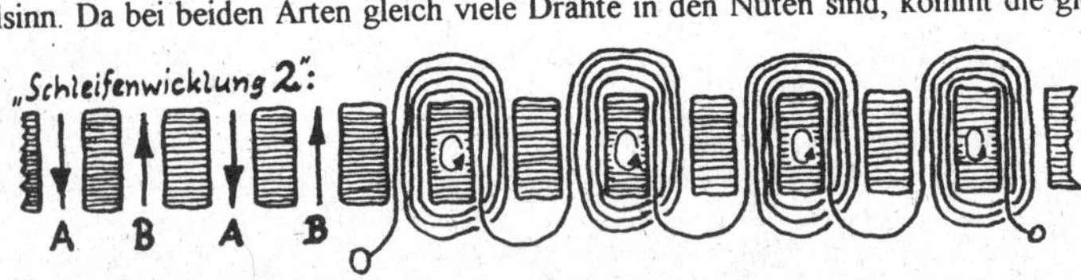

Oder Du kannst nicht nacheinander einzelne Spulen, sondern in alle Nuten zugleich wickeln, indem Du Draht wellenförmig durch die Nuten legst. Sind nachher ebenso viele Drähte in den Nuten, wie bei den anderen Wicklungsarten, kommt auch hier die gleiche Spannung raus.

Aber: Die Drahtlänge ist verschieden! Nur Schleifenwicklung 1 hat kürzestmögliche Verbindungen zwischen den Nuten, weil bei den anderen Wicklungsarten viele Windungen um bereits gewikkelte Windungen herum laufen müssen. Das gibt unnötige Verluste.

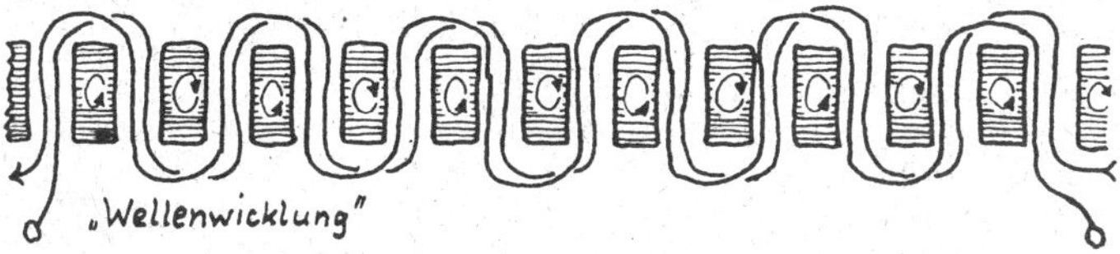


Außerdem werden bei Wechselstrom-LiMas die "Wickelköpfe" (so heißen die Bündel von Verbindungs-Drahtbögen zwischen den Nuten) bei Schleifenwicklung 2 und Wellenwicklung so groß, daß sie kaum mehr ins Gehäuse passen. Bei Drehstrom-LiMas wird es nicht so eng, weil sich der Draht auf 3 Phasen, also 3 kleinere Wicklungen,verteilt.

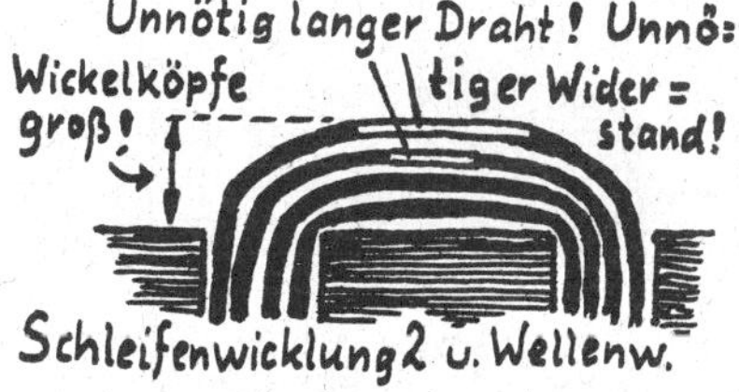


Drehstrom-LiMas sind sozusagen "dreifache Wechselstrom-Limas": Der Stator hat 3 x so viele Nuten (z.B. 36) wie das Polrad Pole hat (z.B. 12). Dreht sich das Polrad, wandert zur gleichen Zeit nur bei jeder 3.Nut ein Pol vorbei. Die Wicklung für eine Phase darf also nur durch jede 3.Nut laufen. Liefe der Draht durch benachbarte Nuten, jede 2. oder jede 4. Nut, gäbe es Chaos.

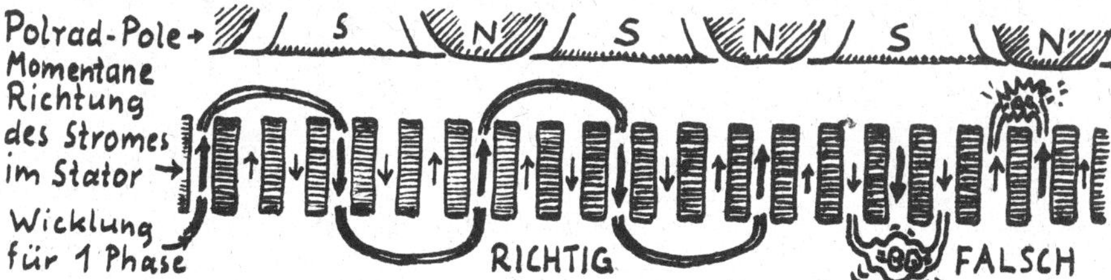


Diese Wicklung ist dann eine Wechselstromwicklung, als Wellenwicklung gezeichnet, damit 's übersichtlich bleibt (gestrichelter Draht):

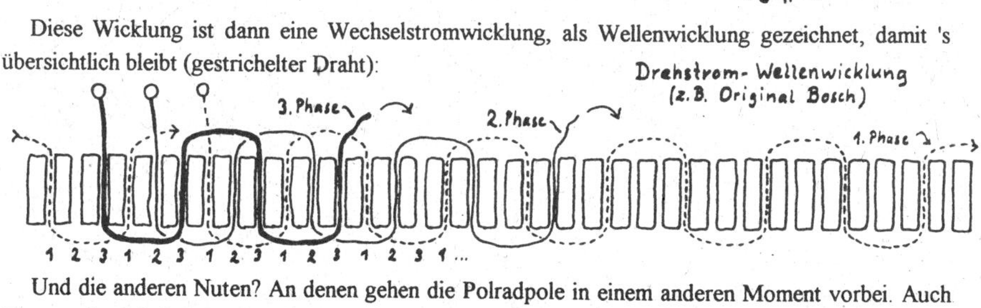


Und die anderen Nuten? An denen gehen die Polradpole in einem anderen Moment vorbei. Auch hier nur durch jede 3. Nut wickeln, dann geht durch alle mit 2 bezeichneten Nuten eine zweite Wechselstromwicklung (dünn gezeichnet), durch alle mit 3 bezeichneten Nuten die dritte.

Da die 3 Wicklungsstränge mit dem Stromerzeugen nacheinander an der Reihe sind, entstehen darin 3 zeitlich zueinander versetzte Wechselspannungen.

(14) Die Schwierigkeit fürs Wickeln ist, daß sich die Wicklungen überschneiden. Wickelst du (wie bei Wechselstrom-LiMas ideal), die Windungen einzeln direkt in den Stator, versperrt schon die erste Wicklung die Nuten für die 2. und 3.Wicklung. Darum müssen wir den Draht erst auf eine Schablone wickeln und dann in den Stator einlegen.

Bei Wellenwicklung paß auf, daß Du nicht die Wickelköpfe aller 3 Wicklungen übereinanderlegst:

Bei Schleifenwicklung ist die Schablone ziemlich kompliziert. Wenn wir uns schon die Mühe machen, soll es auch das Bestmögliche bringen. Schleifenwicklung Typ 2 (S. **12** ) ist uninteressant, weil die Wickelköpfe ebenso groß wie bei Wellenwicklung werden. Nur Schleifenwicklung Typ 1 ist sinnvoll. Die fertigen Spulen kannst Du so einlegen:

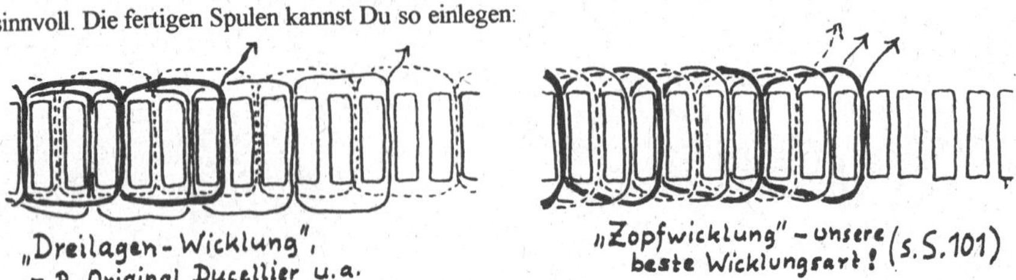


Vorsicht! Typischer Fehler beim Zusammenschalten der Drehstrom-Schleifenwicklung: Weil alle 3 Anfänge nebeneinander liegen, verbindet man leicht aus Versehen diese zum Sternpunkt (s.S. **52** ). Beim Betrieb gibt es dann viele Momente, in denen die Stromproduktion der Wicklungen gegeneinander arbeitet: Raus kommen fast nur Verluste!

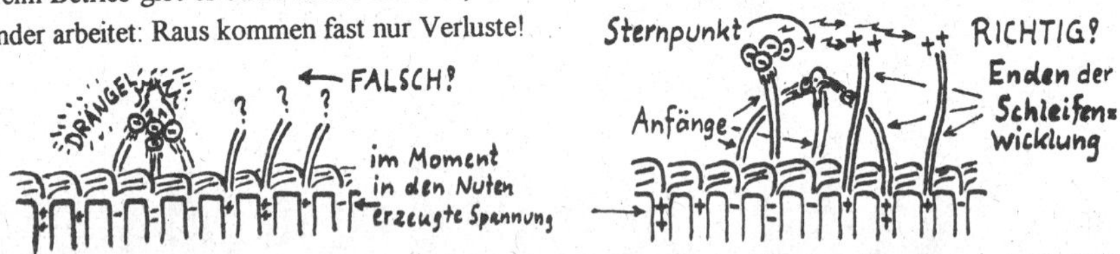


Verbinde die Enden der Wicklungen, die je 2 Nuten versetzt rauskomen. Nur dann kommt stets in die Wicklung, die gerade volle Spannung erzeugt, noch die Produktion der anderen beiden Wicklungen (die gerade jeweils nur wenig erzeugen) mit hinein. Zwischen den drei übrigen Enden liegt dann nicht doppelt so viel, aber immerhin $\sqrt{3}$ mal so viel Spannung wie eine einzelne Wicklung liefern könnte.

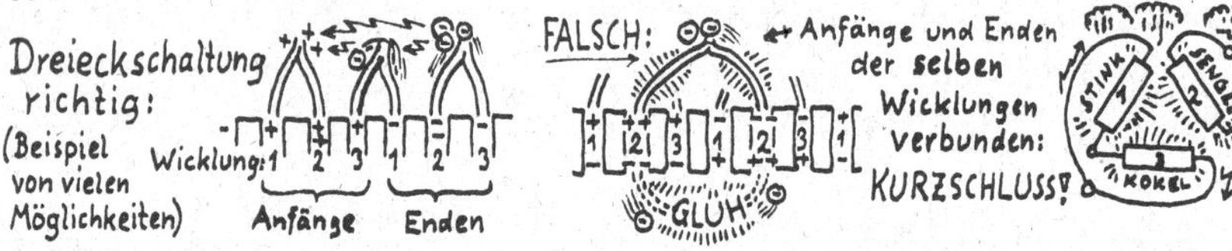


Für Dreieckschaltung ist es egal, in welcher Reihenfolge die Statoranschlüsse verbunden werden, nur müssen alle 3 Wicklungen zusammengeschaltet sein: Verbinde

einen (beliebigen) Anschluß von Wicklung 1 mit einem (beliebigen ) von Wicklung 2,

den anderen Anschluß von Wicklung 1 mit einem (beliebigen ) von Wicklung 3,

den übrigen Anschluß von Wicklung 2 mit dem übrigen von Wicklung 3.

Welches jeweils die beiden Anschlüsse von einer Wicklung sind, prüfe mit Batterie und Glühbirne.

# Wirkungsgrad der LiMa erhöhen!



Fabrikmäßig haben Auto-LiMas oft einen miesen Wirkungsgrad, z.B. nur 35%. Ob das Auto zum Antrieb der LiMa auf 1000 km 1 l Sprit mehr oder weniger verstinkt, scheint egal zu sein, Hauptsache, die LiMa ist klein, leicht und rotzbillig herzustellen... Beim Windrad ist ein guter Wirkungsgrad aber sehr entscheidend, wenn wir nicht erst ab Windstärke 5 laden wollen.

Der Wirkungsgrad ist deshalb mies, weil dünnerer Draht als möglich wäre drin ist. Das verbessern wir beim Umwickeln und holen dann ca. 40% heraus. Außerdem wird durch den Staudamm-Effekt der Silizium-Dioden in der LiMa viel Strom verheizt. Ersetzen wir die Ladestrom-Dioden z.B. durch Schottky-Dioden, verbraten wir ca. 1 Volt weniger: knapp 10% mehr Wirkungsgrad, z.B. 44% statt 40%. Die stärksten zur Zeit erhältlichen Schottky-Dioden halten mit Kühlblech 10 Ampère aus, leider nur für kleine umgewickelte LiMas ausreichend.

Doch der Hauptfehler ist zuwenig Eisen für die Leistung: Viel Feldstrom wird verbraten, um ein starkes Magnetfeld zu erzeugen, von dem sich nur ein Teil durch das dünne Blechpaketchen zu den Statorspulen zwängen kann. Vergleiche es mal mit dem Blechpaket, das ein gewöhnlicher Drehstrommotor für 500W hat! Die LiMa hat stattdessen 'ne gute Kühlung, ha, ha!

Aber wir müssen mit der LiMa keine 500 Watt mehr erzeugen. Das würden wir mit der Repellerdrehzahl auch nie schaffen, denn Leistung entsteht aus Magnetfeld mal Drehzahl. Uns reichen bei schwachem Wind schon ein paar-zig Watt, aber bitte mit wenig Kraftaufwand, damit der schwache Wind es auch schafft.

Darum können wir getrost das Magnetfeld verringern, auf daß alles, was wir an Magnetismus erzeugen, auch bei den Spulen ankommt. Die Leistung wird kleiner, das ist aber nicht so schlimm (s.o.) Beispiel: Bosch-LiMa 45 A, auf 30 Wi umgewickelt, bringt in Normalschaltung (S. 86+83) 36% Wirkungsgrad, mit dieser Trickschaltung 55%. Die Höchstleistung sinkt von 230 auf 170 Watt.

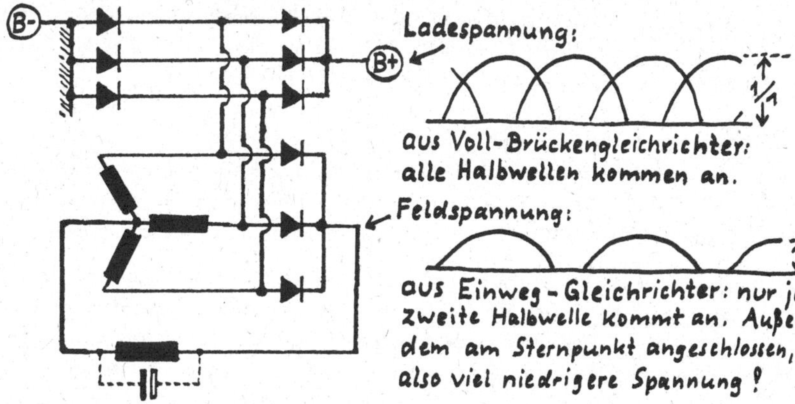


Wieso? Die Spannung aus den einzelnen Wicklungen ist nur ca. 0,6 mal so hoch wie zwischen den Phasenanschlüssen, weil da die Spannung ja stets aus zwei Wicklungen kommt.

Den Ladestrom holen wir wie ursprünglich aus den Phasenanschlüssen, z.B. 12 V gleichgerichtete Spannung. Den Feldstrom schicken wir aber aus jeder Wicklung einzeln durch die Dioden und haben dann z.B. nur ca. 8 Volt an der Feldspule! Da deren Widerstand gleich bleibt, fließen z.B. statt bei 12V 3A nur 8V 2A, also statt 36 W nur 16W! Erfolg: Nur knapp halb so viel Leistung wird in der Feldspule verbraten. Schon kann das Windrad bereits bei halb so viel Windkraft am Repeller den ersten Ladestrom abgeben!

Das Gleiche erreichen wir auch, wenn wir die Wicklungen mit besonderen Anzapfungen für die Feldstromversorgung ausführen (s.S.32). Das ist aber komplizierter.

Weiterer Vorteil der Trick-Schaltung: Das Magnetfeld ist ganz einfach regelbar! Schalte einen Kondensator parallel zur Feldspule: Schon steigen Magnetfeld und Leistung. Warum? Die Feldspule kriegt von den 6 Halbwellen des Drehstromes hier nur 3, also stark pulsierende Spannung. Der Kondensator glättet die Pulse, so daß die Feldspule ähnlicher wie in Normalschaltung Strom kriegt (bei sinkendem Wirkungsgrad). So können wir die LiMa ohne weitere Manipulationen in weiten Grenzen an Repeller und Windverhältnisse anpassen und sogar umschaltbar (s.S.90) ausführen.

Auch bei der Trick-Schaltung funktioniert die Selbsterregung mit der Rombach-Schaltung, ist aber nicht ganz "sauber", weil der eine Elko unter Wechselspannung steht, solange das Relais nicht abschaltet. Elkos vertragen aber nur Gleichspannung, er könnte also auf Dauer kaputt gehen. Darum empfehle ich die Variante mit Schottky-Dioden (s.S.56)

# Die STURMSICHERUNG

soll das Windrad dagegen schützen, daß zu hoher Winddruck es umkippt oder zu hohe Drehzahl den Repeller zerreißt. Gut wäre es, bei zu starkem Wind das Windrad nur so weit aus dem Wind zu nehmen, daß es noch mit voller Kraft weiterarbeiten kann, aber nicht mehr gefährdet ist. Erst wenn's bedenklich wird, soll das Windrad ganz stillgelegt werden, entweder aus der Windrichtung gedreht oder gebremst, am besten beides zugleich. Kurz: Die Sturmsicherung soll schon vorm "aus" allmählich wirksam werden.

Für die Wirkungsweise der Sturmsicherung ist wichtig: Sie darf das Windrad niemals ruckartig aus dem Wind drehen! Der schnell drehende Repeller hat enorme Kreiselkräfte in sich, die dann z.B. die Lager zermürben könnten! Du spürst den Effekt, wenn Du ein ausgebautes Fahrrad-Rad an einem Achsstummel festhältst, es anwirfst und dann zur Seite zu schwenken versuchst. Erst 3-4fache Überdrehzahl ist so schlimm wie die Kreiselkräfte bei zu schnellem Herausschwenken. Je seltener oder je langsamer das Windrad aus dem Wind geschwenkt wird, umso besser.

Mit dem Bremsen sieht es ähnlich aus: Bei einer Gewaltbremsung will der Schwung die Repellerblätter abbrechen! Also bremse sachte!.

Bei Unwettergefahr oder für Wartungsarbeiten müssen wir das Windrad auch von Hand stillegen können. Mit 1 automatischen Sturmsicherung und 1 Handbremse entspricht das Windrad übrigens auch den Bauvorschriften für Windradgenehmigungen (falls mal jemand Amtliches meckern will...)

Am einfachsten ist die "Eklipsensicherung" (Winddruck dreht das Windrad zur Seite), etwas edler ist eine starre Seitenfahne, die das Windrad bei Sturm zur Seite dreht, zusammen mit einer nachgiebigen Steuerfahne. Das funktioniert unabhängig vom Repeller und kann zusätzlich indirekt gegen Überdrehzahl schützen. Die Helikoptersicherung klappt das Windrad durch Winddruck auf den Repeller nach oben, also für alle Windrichtungen aus dem Wind. Aber: Der Bau ist komplizierter, und sie funktioniert, wie die Eklipsensicherung, nur abhängig vom Repeller.

Nachteil all dieser Sicherungen sind die Kreiselkräfte. Viel besser wären Sicherungen, die die Drehzahl des Repellers begrenzen oder ihn stillsetzen, ohne ihn aus dem Wind zu schwenken. Eine Möglichkeit dafür ist die Luftwirbelbremse: Hier werden per Fliehkraft Klappen am Repeller ausgeschwenkt, deren Luftwiderstand die Drehzahl mindert - ein Bastelwerk, das sehr sorgfältig ausgeführt werden muß und leider bei Sturm Krach macht.

Eine weitere Möglichkeit ist, die Generator-Kennlinie so hinzutricksen, daß er ab einer bestimmten Drehzahl so schwergängig wird, daß er mehr Kraft vom Repeller verlangt als dieser aufbringt.

Mit einer LiMa aber praktisch unmöglich, man müßte einen passenden 2-Stufen-Generator bauen (s.S.23). Versagt bei einem elektrischen Defekt!

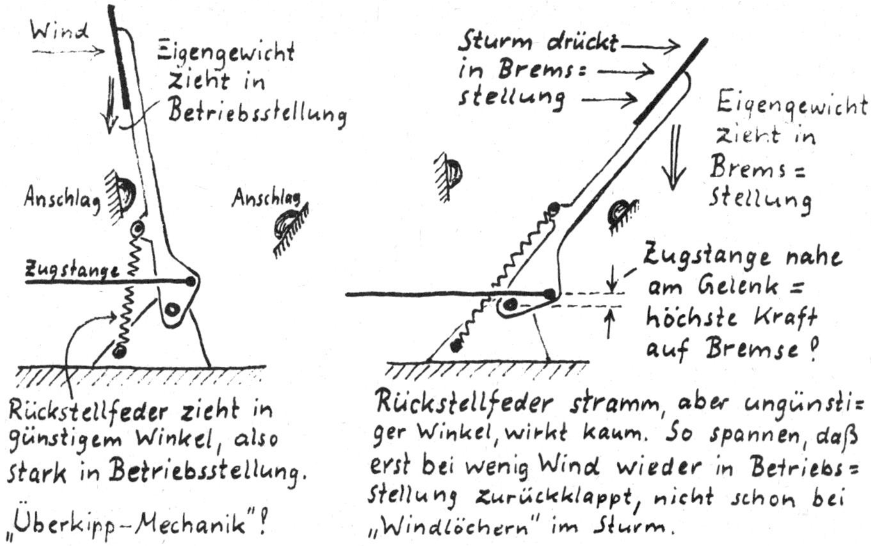


Eine gute Methode ohne Kreiselkräfte wäre eine starke Bremse, die von der Sturmfahne betätigt wird, und eine starre Steuerfahne. Prinzipskizze hier, den Nachbauplan gibt's erst, wenn ich selbst genug Erfahrung damit gesammelt habe.

# Funktionsweise der Sturmsicherungen:

## • Die Eklipsensicherung

funktioniert so: Die Repellerachse verläuft etwas seitlich neben dem Azimutlager, also dreht der Winddruck den Repeller aus dem Wind. Die Steuerfahne wirkt dem entgegen. Sie steht etwas schräg, damit sie den Druck auf den Repeller ausgleicht und ihn exakt in den Wind steuert (Betriebsstellung), sonst gibt's weniger Leistung, stattdessen mehr Krach.

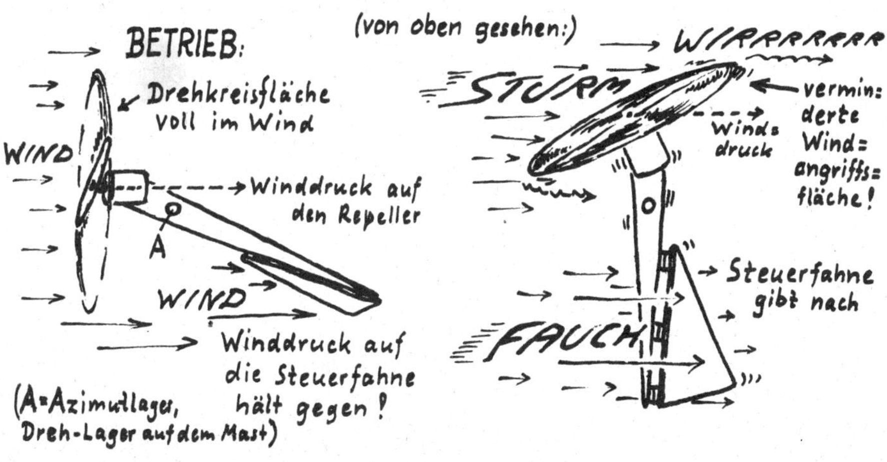

Die Steuerfahne ist aber nachgiebig befestigt und wird nur durch ihr Eigengewicht oder eine Feder im Wind gehalten. Bei starken Böen und bei Sturm ist der Druck so stark, daß die Steuerfahne mehr oder weniger wegklappt und das Windrad sich entsprechend zur Seite dreht. **Bau: s. S. 61**

Vorteile: Extrem einfach zu bauen und bei nicht allzu häufigen und heftigen Stürmen ausreichend (auch in Kiel).

Nachteile: - Häufiges Schwenken, viel Belastung durch Kreiselkräfte, Lärm bei Lauf in vollem Sturm. Verbesserung möglich durch Einrasten der Fahne bei Anschlag Sturmstellung. Dies setzt das Windrad bei schwerem Sturm dauernd still.

- Reagiert wie die Helikoptersicherung nur auf Winddruck, nicht auf Überdrehzahl, versagt also z.B. bei Kurzschluß in der LiMa. Bei Gefahr schwerer Stürme ist eine zusätzliche Überdrehzahlsicherung durch Fliehgewichte sinnvoll (S.107).

## • Die Seitenfahnen-Sicherung

funktioniert wie die Eklipsensicherung, nur daß der Repeller genau vorm Azimutlager sitzt. Daher dreht nicht der Windruck auf den Repeller das Windrad aus dem Wind, sondern der Druck auf die Seitenfahne. Die Steuerfahne kann durch Eigengewicht, durch eine Feder oder durch ein Gewicht am nach unten geführten Seil im Wind gehalten werden.

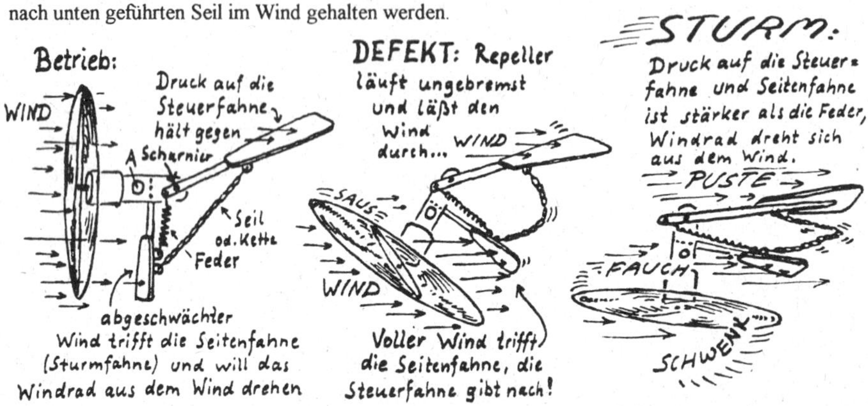


Die Seitenfahne liegt teilweise im Windschatten des Repellers, denn dann ist sie eine indirekte Überdrehzahl-Sicherung! Normalerweise arbeitet der Repeller an der beim Stromerzeugen schwergängigen LiMa und entzieht dem Wind dabei viel Kraft. Der hinterm Repeller noch vorhandene Wind kann das Windrad erst bei Sturm herum schwenken. Versagt die LiMa, läuft der Repeller ungebremst und sehr schnell, doch er entzieht dem Wind dabei nur wenig Kraft. Der Wind ist also hinterm Repeller noch stark und schwenkt das Windrad schon rum, bevor es stürmt und der Repeller gefährliche Drehzahlen erreicht. **Bau: s. S. 104**

Vorteile: mit indirekter Überdrehzahlsicherung und noch recht einfach zu bauen. Die Steuerfahne kann eine Bremse betätigen.

Nachteile: Wie 1.Punkt der Eklipsensicherung.

## • Die Helikopter-Sicherung

wird vom Winddruck auf den Repeller ausgelöst. Der Klapp-Punkt liegt tiefer als die Repeller-Achse, der Teil des Windrades vorm Klapp-Punkt hat (evtl. durch ein Zusatzgewicht) Übergewicht und hält das Windrad in Betriebsstellung. Bei Sturm ist der Winddruck auf den Repeller so stark, daß er das Windrad sozusagen über den Klapp-Punkt heben kann. Der Repeller steht dann waagerecht wie ein Hubschrauber-Rotor, daher der Name. **Bau: s. S. 105**

Vorteil: Nur 1x Schwenken in Sturmstellung, und das Windrad ist für alle Windrichtungen aus dem Wind, im Gegensatz zur Seitenfahne, die das Windrad bei jedem Windrichtungswechsel (häufig bei Sturm) erneut aus dem Wind schwenkt!

Nachteile: Keine indirekte Überdrehzahlsicherung wie bei der Seitenfahne, daher Fliehgewicht-Drehzahlsicherung (S. 107) sinnvoll! Hagelschlag trifft den stillgelegten Repeller auf größerer Fläche.

Wichtig: Beim Hochklappen wird der Hebel, an dem der Winddruck wirkt, günstiger, da der Repellermittelpunkt, das Wirkungszentrum des Winddrucks, höher über den Klappunkt steigt. Gleichzeitig wird die Wirkung des Gegengewichts ungünstiger, weil der Schwerpunkt mehr und mehr über den Klapp-Punkt wandert. Allerdings verkleinert sich die Angriffsfläche für den Wind.

Liegen Klapp-Punkt, Repeller-Mittelpunkt und Windrad-Schwerpunkt (oder Ansatzpunkt eines Zusatzgewichtes) ungünstig zueinander, könnte der Wind das Windrad mit einem Ruck hochreißen, sobald er es schafft, es etwas anzuheben. Günstige Anordnung vermindert den Hochreiß-Effekt, ein Zusatzgewicht (evtl. am Seilzug) kann ihn ganz beseitigen.

Trotzdem bauen wir immer einen Stoßdämpfer ans Klappgelenk, z.B. einen alten Auto-Stoßdämpfer. Für höchste Dämpfung füllen wir Fett statt des Dämpferöles ein. Zusätzlich sind Gummipuffer als Endanschläge sinnvoll.

Lassen wir ein Zusatzgewicht über einen Seilzug wirken und legen wir Seil-Angriffspunkt und Umlenkrolle pfiffig, gleichen wir wir nicht nur den Hochreiß-Effekt aus, sondern der Seilzug hat in Sturmstellung auch kaum noch Wirkung. Das Windrad bleibt in Sturmstellung stehen, muß also von Hand (Ziehen am Seil) wieder in Betrieb genommen werden, und wir können es von Hand stillegen, indem wir das Gewicht abhängen. Das Übergewicht der Steuerfahne kippt es dann in Sturmstellung.

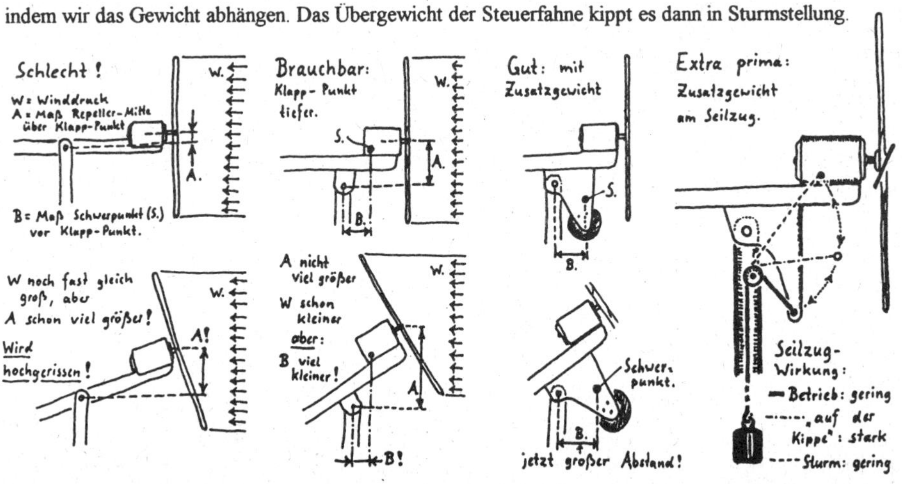

# Planung: Wie Du möglichst viel „rausholst"...!

## • Entscheidend wichtig: der Standort!

**Mehr Wind möglich? (Mast höher, Standort besser)**

Leistung = Durchmesser $^2$, aber Wind $^3$. Doppelter Ø bringt 4 - fache Leistung, aber 4 - fache Stabilität an Windrad und Mast nötig, da 4 - fache Sturm - Angriffsfläche (Bauaufwand!). Doppelter Wind bringt 8 - fache Leistung, aber nur 1 - fachen Bauaufwand, da Windrad und Mast an jedem Standort sturmsicher gebaut sein müssen.

## • Was schafft der Repeller? (mechanische Leistung)

Vergrößern wir den Repeller-Durchmesser, steigt zwar die Leistung (Leistung = $\phi^2$), aber auch der Umfang, daher sinkt die Drehzahl.

Man könnte auch einen schnelläufigeren Repeller wählen, doch handelt man sich damit Probleme ein: Über ca. $\lambda = 8$ macht sich jeder Widerstand am Repellerprofil so störend bemerkbar, daß der Wirkungsgrad deutlich sinkt, und ab ca. 60 m/sek Flügelspitzengeschwindigkeit wird der Repeller zwangsläufig laut. Daher arbeiten wir bei diesem Windrad-Konzept mit $\lambda = 7{,}5$.

| Repeller: (Drehkreisfläche): | 1,4 m Ø (1,54 m²) | | 1,5 m Ø (1,77 m²) | | 1,6 m Ø (2 m²) | | 1,7 m Ø (2,27 m²) | | 1,8 m Ø (2,54 m²) | | Wind-geschw. |
|---|---|---|---|---|---|---|---|---|---|---|---|
| Wind m/sek. | U/min. | W(mech.) | U/min | W(mech.) | U/min | W(mech.) | U/min | W(mech.) | U/min | W(mech.) | m/sek. |
| 3 | 310 | 7,5 | 287 | 8,5 | 270 | 10 | 254 | 11,2 | 240 | 12,5 | 3 |
| 3,5 | 360 | 12 | 336 | 14 | 315 | 16 | 297 | 18 | 280 | 20 | 3,5 |
| 4 | 412 | 18,5 | 384 | 21 | 360 | 24 | 339 | 26,5 | 320 | 30 | 4 |
| 4,5 | 464 | 26 | 432 | 30 | 405 | 33 | 380 | 38 | 360 | 42,5 | 4,5 |
| 5 | 515 | 36 | 480 | 41 | 450 | 46 | 424 | 52 | 400 | 59 | 5 |
| 5,5 | 566 | 48 | 528 | 54 | 495 | 61 | 466 | 69 | 440 | 78 | 5,5 |
| 6 | 620 | 63 | 575 | 70 | 540 | 80 | 508 | 90 | 480 | 102 | 6 |
| 6,5 | 670 | 79 | 624 | 90 | 585 | 102 | 551 | 112 | 520 | 130 | 6,5 |
| 7 | 720 | 99 | 672 | 112 | 630 | 127 | 592 | 143 | 560 | 160 | 7 |
| 8 | 824 | 145 | 768 | 165 | 720 | 190 | 677 | 215 | 640 | 240 | 8 |
| 9 | 928 | 210 | 864 | 240 | 810 | 264 | 760 | 304 | 720 | 340 | 9 |
| 10 | 1030 | 290 | 960 | 325 | 900 | 370 | 847 | 415 | 800 | 470 | 10 |
| 11 | 1135 | 385 | 1055 | 435 | 990 | 492 | 932 | 556 | 880 | 625 | 11 |
| 12 | 1240 | 490 | 1150 | 560 | 1080 | 640 | 1030 | 720 | 960 | 800 | 12 |
| 14 | 1440 | 780 | 1344 | 890 | 1260 | 1010 | 1180 | 1140 | 1120 | 1270 | 14 |
| 16 | 1640 | 1160 | 1530 | 1320 | 1440 | 1510 | 1350 | 1700 | 1280 | 1900 | 16 |

Wieviel davon zu Strom wird, hängt vom Generator ab. Er muß zum Repeller passen und möglichst einen guten Wirkungsgrad haben.

## • Welcher Generator paßt dazu?

Zu jeder Windgeschwindigkeit gibt es eine ideale Repeller-Drehzahl, bei der der Repeller den meisten Wind in Kraft umwandelt. Der Generator sollte möglichst bei dieser Drehzahl genauso viel Kraft fordern. Verlangt er mehr, läuft der Repeller evtl. so langsam, daß die Strömung ungünstig wird und er fast keine Kraft mehr abgeben kann, d.h. er wird "abgewürgt". Verlangt der Generator weniger Kraft, wandelt sich ein Teil der Leistung des Repellers in Krach um.

Ideal wäre ein Generator, der schon bei ganz schwachem Wind viel Leistung abgibt, ohne den Repeller zu überfordern, und der trotzdem bei starkem Wind die Kraft des Repellers auch nutzen kann. Am besten sollte er - als ideale Überdrehzahlsicherung - bei sehr starkem Wind mehr Kraft fordern als der Repeller hat. So etwas gibt es, wenn überhaupt, nur als teure Spezialanfertigung.

Wenn wir ein Windrad selbst bauen wollen, müssen wir einen Generator nehmen, den man auch ziemlich überall im Schrott finden kann. Für diese Windradgröße sind Autolichtmaschinen durchaus brauchbar und mit einigen Tricks (s.S.15) noch zu verbessern.

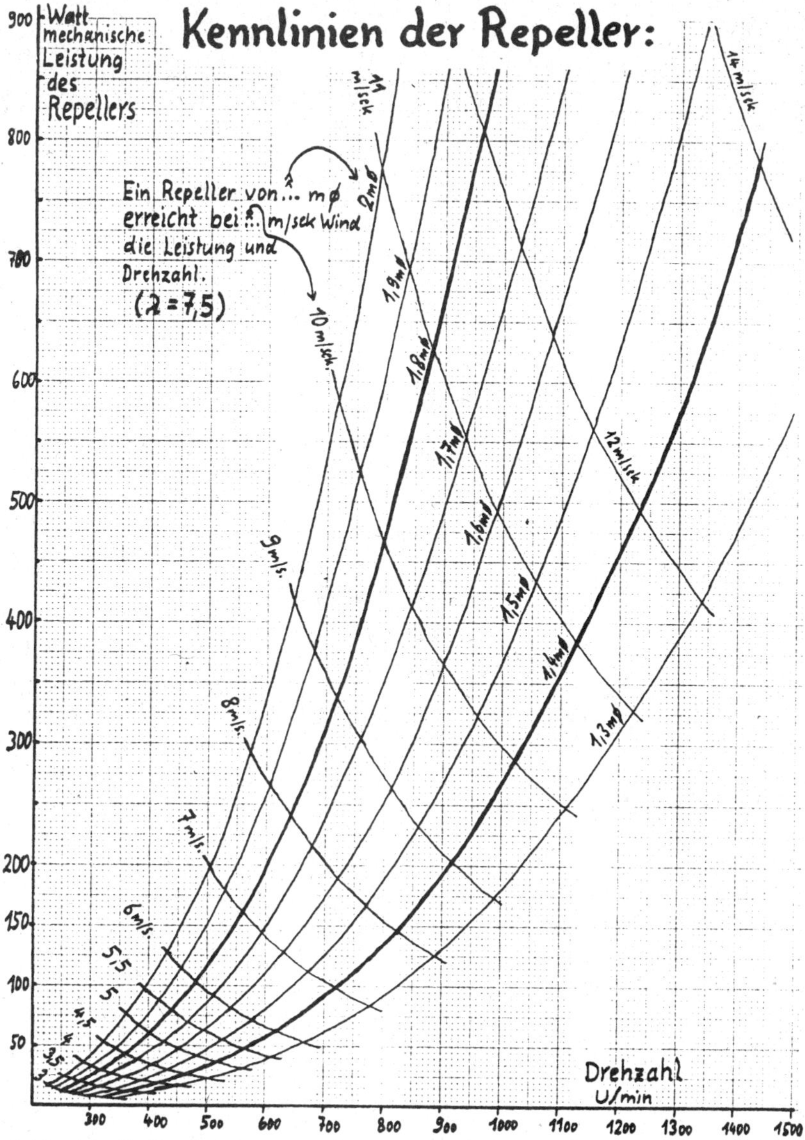


Leider sieht die Kennlinie einer normal geschalteten AutoLiMa genau entgegengesetzt zu der des Repellers aus, d.h. entweder können wir starken Wind nur mit lautem Repeller-Laufgeräusch nutzen, oder, wenn wir die LiMa für starken Wind passend machen, würgt sie den Repeller schon bei mäßigem Wind ab. Zum Glück ist unser Repeller-Profil vielseitig und "verkraftet" auch die schlecht passende normal geschaltete LiMa.

**Ist der Repeller ein wenig überfordert, läuft er noch mit guter Leistungsabgabe weiter, langsamer als er könnte, aber mit Glück besser passend. Der nur teilweise ausgelastete Repeller läuft zu schnell, ohne daß die Anströmung gleich überall schlecht wird und leistet dabei weniger als er könnte. So nähert er sich ( zwar mit Laufgeräuschen) doch der Drehzahl- und Leistungsanforderung der LiMa an.**

(22)

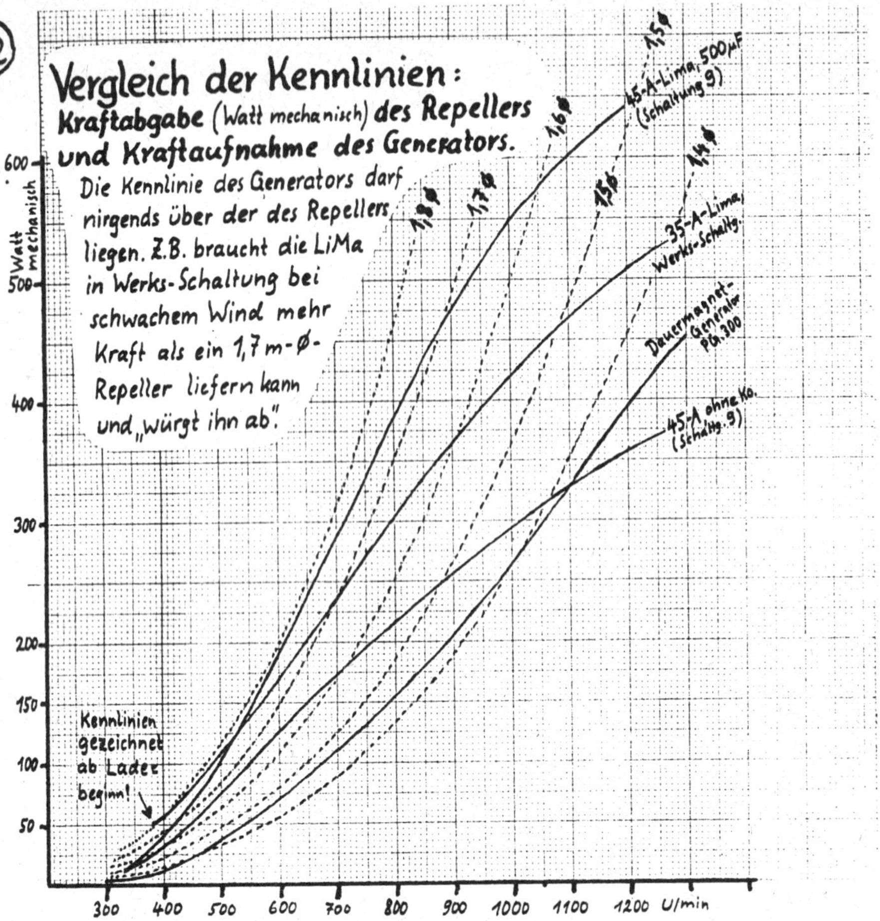


Wichtig ist hier nicht die Kennlinie Drehzahl/elektr. Leistungsabgsabgabe, die man beim Autodienst auf dem Prüfstand mißt, sondern Drehzahl/mechan. Leistungsaufnahme. Die ist schwieriger zu messen (Drehmomentwaage nötig). Wir sehen:

- 35-A-LiMa, Werks-Schaltung: mieser Wirkungsgrad bei Ladebeginn (erst bei 4,8 m/sek!) fordert viel Kraft, 1,8 m $\phi$ nötig, obwohl schon bei 8 m/sek 1,7 m $\phi$ reichen (Repeller etwas unterfodert), bei 10 m/sek 1,6 m $\phi$,...,also ist der Repeller schon bei mittelstarkem Wind unterfordert. Viel Krach!
- 45-A-LiMa, Trick-Schaltung 9, ohne Kondensator: Dank guten Wirkungsgrads reichen 1,5 m $\phi$ zum Ladebeginn (unter 4 m/sek), aber bei ca. 5-7 m/sek Wind sind mind. 1,65 m $\phi$ nötig. Bei Schwachwind unterfordert (schadet kaum und verhindert "Abwürg-Effekt"), ab ca. 9,5 m/sek ebenfalls, da würden 1,5 m $\phi$ reichen.
- 45-A-LiMa, ebenso, mit 500µF: Verlangt im Bereich 6-9 m/sek 1,8 m $\phi$. Bei Ladebeginn deutlich unterfordert (schlechte Ausnutzung von Schwachwind), aber erst ab 10,5 m/sek.etwas unterfordert (1,7m $\phi$ würde reichen), ab 12-13 m/sek stark unterfordert. Gut für mäßigen und starken Wind.
- Dauermagnetgenerator PG 300: Kennlinie am ähnlichsten der des Repellers. Verlangt im Bereich 5-9 m/sek mind. 1,45m $\phi$. Bei ganz schwachem Wind würden 1,3m $\phi$ reichen und erst bei starkem Wind (ab ca. 13 m/sek) ist der Repeller stark unterfordert. Paßt über den weitesten Bereich der Windstärken.

Mit Schalt-Tricks können wir die Kenn-Linie der LiMa auch nachträglich ändern, so daß sie besser zum Repeller paßt (s.S. 56 , 86 ). Recht gut wird es, wenn Du so vorgehst (Schaltung S. 15 ): Fange ohne Kondensator an, beobachte bei verschiedenen Windstärken, dann schließe immer grössere Kondensatoren an, bis Du einen "Abwürg-Effekt" beobachtest. Mit einem etwas kleineren Kondensator ist die LiMa richtig angepaßt:

Bei schwachem und normalem Wind soll der Wirkungsgrad möglichst hoch sein. Bei starkem Wind ist schlechter Wirkungsgrad günstiger, da hat der Repeller sowieso "überschüssige Kräfte".

**Wer geschickt im Elektrobasteln ist, kann Drehstromlichtmaschinen deutlich verbessern: z.B. erreichen wir eine "2-Stufen-LiMa" (außerdem selbsterregend!) mit Schaltung s. S 90 und Fliehkraftschalter (Blechstreifen am Lüfterrad). Die Kennlinie sieht dann so aus:**

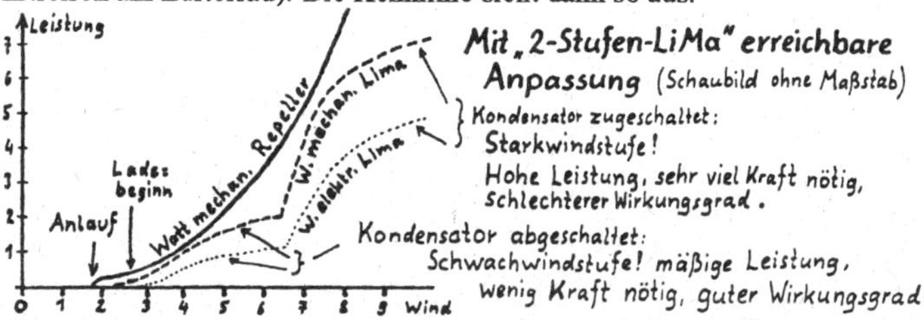


Ebenfalls 2-stufig ist eine 12/24-V-LiMa mit Batterie-Umschalter (s.S. 93 ). Dauermagnet-Generatoren von Peter Rombach sind über einen ähnlich großen, oftmals größeren Bereich als LiMas zum Repeller passend, mit Stern-Dreieck-Schalter oder 12/24-V-Batterie-Umschalter auch 2-stufig zu benutzen.

Das Allerbeste: Der Dauermagnetgenerator arbeitet bei Schwachwind ideal, LiMa in Werks-Schaltung mit 1 1/2 - 2 facher Windungszahl arbeitet zusätzlich bei Starkwind.

## • ... aber wieviel Strom kommt am Ende raus ???

Wir haben nun die mechanische Leistung von Repeller und LiMa aufeinander abgestimmt. Für die Nutzung ist aber wichtig, daß eine zusammenpassende Repeller-LiMa-Kombination bei den Windverhältnissen am Standort möglichst viel elektrische Leistung abgibt. Wenn Du mehrere Kombinationen bauen könntest, vergleiche sie:

| Passende Kombination: Repeller m Ø | Lima, Kondensator | | Windgeschwindigkeit m/sek. bringt ... Watt elektrische Leistung: 3 | 3,5 | 4 | 4,5 | 5 | 5,5 | 6 | 6,5 | 7 | 8 | 9 | 10 | 12 | 14 |
|---|---|---|---|---|---|---|---|---|---|---|---|---|---|---|---|---|
| 1,5 | Bosch 35A* | ohne | – | – | >1 | 5 | 12 | 21 | 34 | 40 | 50 | 73 | 88 | 105 | ~130 | ** |
| 1,6 | -//- | 1000µF | – | – | 1,2 | 5 | 13 | 22 | 35 | 46 | 61 | 82 | 102 | 125 | ~160 | ~200 |
| 1,7 | Bosch 45A* | ohne | – | 1 | 6 | 12 | 22 | 30 | 43 | 56 | 77 | 97 | 110 | ~130 | ~170 | |
| 1,8 | -//- | 500µF | – | <1 | 5 | 15 | 25 | 35 | 47 | 60 | 83 | 106 | 140 | 180 | ~220 | ~250 |
| 1,5 | Rombach-G. Typ 300 Dauermagnet-Generator (s. S 94) | | 1 | 8 | 13 | 20 | 30 | 38 | 50 | 61 | 73 | 90 | 110 | 140 | ~210 | ~290 |

Laden (12-V-Batt.), Abgabe Watt elektrisch

*) Limas in Schaltung 9 (S 56) bzw. S. 86. **) Repeller ist leicht unterfordert → (schraffiert) ← stark unterfordert.

Eine LiMa-Schaltung mit hohem Wirkungsgrad kann mit kleinem Repeller ebensoviel Strom bringen, wofür eine starke LiMa mit schlechtem Wirkungsgrad einen großen Repeller braucht. Daß ein Windrad mit kleinem Repeller dem Sturm weniger Angriffsfläche bietet und leichter zu bauen ist, ist klar.

## ㉔ Teil 2: Bauanleitung für das „Standard-Windrad"



## Bau des einfachen Repellers:

Die Maßverhältnisse und Profile dieses Repellers sind so ausgelegt, daß er, außer am Übergang zur Mitte, nur gerade Kanten hat. Er läßt sich einfach mit geraden Hobelstrichen aus einem Brett hobeln und hat trapezförmige Flügel mit veränderter Verwindung (am äußeren Drittel der Flügelblätter richtiger, nahe der Nabe zu flacher Anstellwinkel).

Trotz der Vereinfachungen hat dieser Repeller volle Leistung und macht kaum Laufgeräusche. Die verminderte Anlaufkraft stört bei LiMas als Generator kaum und wird durch die Anlaufhilfe ausgeglichen. Brauchst Du höchstmögliche Anlaufkraft (wichtig bei Dauermagnet-Generatoren) oder extrem leisen Lauf, baue den Repeller "Fast Lautlos" (S. 78). Dieser hat eine stärkere Verwindung, ist aber schwieriger zu bauen.

Absolut vibrationsfreien Lauf erreicht man beim Zweiflügler nur mühsam durch Massenträgheitsmomentenausgleich. Wo selbst leichte Vibrationen stören, baue besser einen Dreiflügler (s.S. 80).

## • Die Werkzeuge und der Umgang damit

**Du brauchst nicht alle Werkzeuge. Arbeite mit denen, die Dir gewohnt sind, Du kannst beispielsweise den ganzen Bau mit der Raspel machen, es dauert dann etwas länger. Ich möchte zeigen, welches Werkzeug für welchen Arbeitsgang besonders gut geeignet ist.**

**Säge: Zum Absägen des Brettes auf die richtige Länge.**

**Zimmermannsbeil (sehr scharfes, leichtes Beil): Überall dort, wo viel Holz weg muß (Breite herstellen, grobe Vorarbeit). Nicht zu viel Holz abhacken, nie in die Richtung, in der die Fasern ins Holz hinein laufen (Riß)!**

**Schrupphobel**: Für die grobe Form, geht sehr schnell, wird aber wellig. Wenn er scharf ist, kann man schräg und fast quer zur Faser arbeiten. Nicht zu viel abhobeln.

**Doppelhobel**: Für die feine Form, der Repeller wird wie von selber gerade. Längs der Faser arbeiten und nicht so, daß es ins Holz hinein reißt! Hobeleisen darf nur ganz wenig aus dem Hobel rausgucken, 1/2 mm ist zuviel.

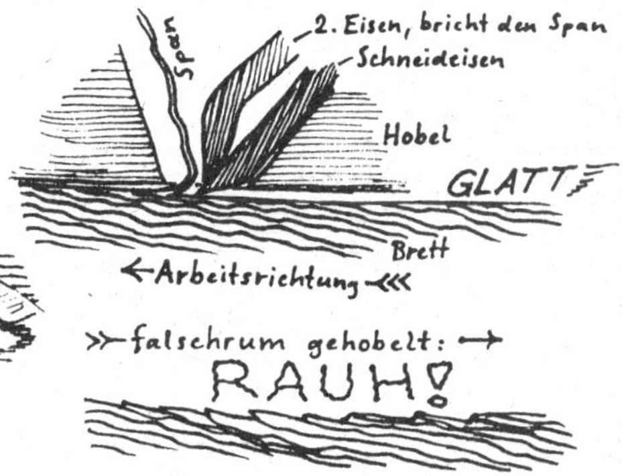


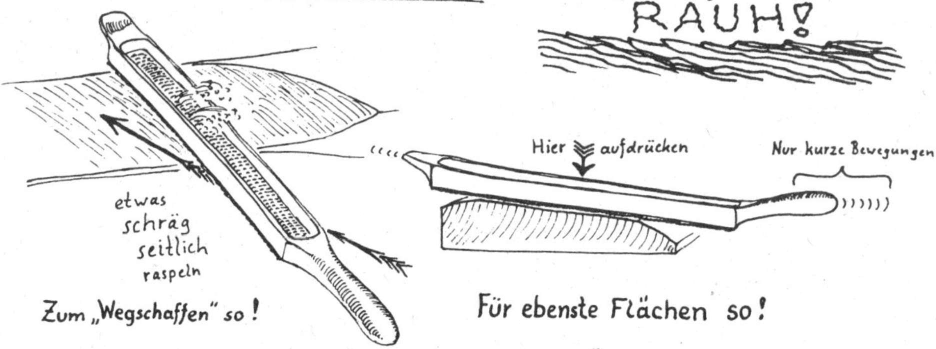


**Raspel**: Nötig an den nach innen gewölbten Stellen beim Übergang zur Nabe, für die Profile bei den Meßpunkten und für Feinarbeiten. Die Raspeln mit gelochtem Stahlblechblatt schaffen viel mehr weg und es wird glatter als mit denen aus Massivstahl. Damit die Fläche nicht wellig wird, raspele nie zu lange auf einer Stelle, sondern bewege die Raspel auch etwas seitlich. Nie gegen die Faser raspeln, wird rauh (s. Hobel).

Ebene Flächen erreichst Du, wenn Du mit einer Hand in der Mitte über dem Buckel auf die Raspel drückst, mit der anderen die Raspel nur wenig vor- und zurück bewegst. Auf dieselbe Art kannst Du Metall mit der Feile auf wenige Hundertstel (!) Minimeter genau eben kriegen.

**Feile**: nicht nötig, jedoch bei Feinarbeiten eventuell nützlich.

**Schmirgelpapier**: Unentbehrlich für glatte Oberflächen: erst mit grobem (50 - 60er), dann feinerem (80 - 100er) schmirgeln. Mit feuchtem Lappen abwischen, trocknen lassen und nochmal ganz fein schmirgeln (120er oder feiner). Auf glatten oder wenig gewölbten Flachen benutze einen Schleifkork, ein Stück Latte mit einem weichen Lappen drumgewickelt tut's auch. Vorsicht: Bei Holz mit groben Jahresringen (verschieden hart) kann das Schmirgeln Kuhlen in den weichen Zonen geben, die das Profil verschlechtern. Aufpassen!

# • Gutes Holz erkennen:

Es muß fest, zäh und an der Luft beständig sein und so wenig wie möglich "arbeiten". Und es muß gerade und gleichmäßig gewachsen sein, denn wenn die Holzfasern den Repeller nicht der ganzen Länge nach durchziehen, wird er sich stark verziehen oder im Extremfall brechen!

Eschenholz ist nicht zu schwer, aber ganz besonders zäh, fest und beständig. Nicht ohne Grund wurden früher Wagenräder und Fuhrwerke daraus gebaut. Zwar ideal, aber nur in Spezial - Holzhandlungen zu bekommen und sehr teuer. Ich habe für meine Repeller bisher sehr gerne altes Kiefern- oder Fichtenholz verwendet. Es ist auf dem Müll leicht zu finden und auf diese Weise garantiert gut abgelagert. Ganz besonders gut sind z.B. Fußbodendielen aus Abbruchhäusern.

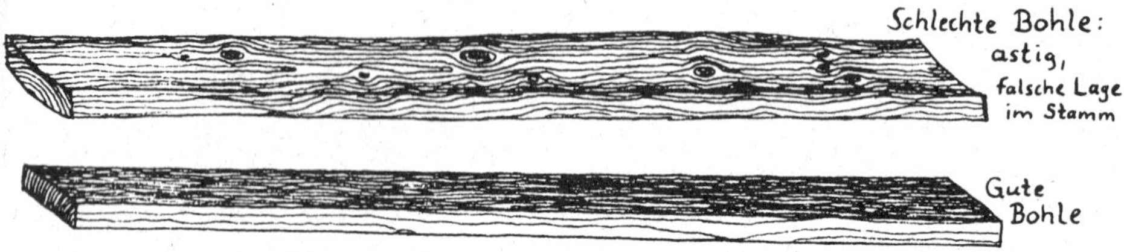


Auch für Türfüllungen oder Türrahmen wurde früher gutes Holz verwendet. In alten Möbeln sind ebenfalls oft sehr schöne Stücke zu finden, aber selten lang genug für einen Repeller. Holz mit vielen schmalen Jahresringen ist wesentlich besser als gleichartiges mit groben Ringen. Es soll so im Stamm gelegen haben, daß es möglichst wenig arbeitet:

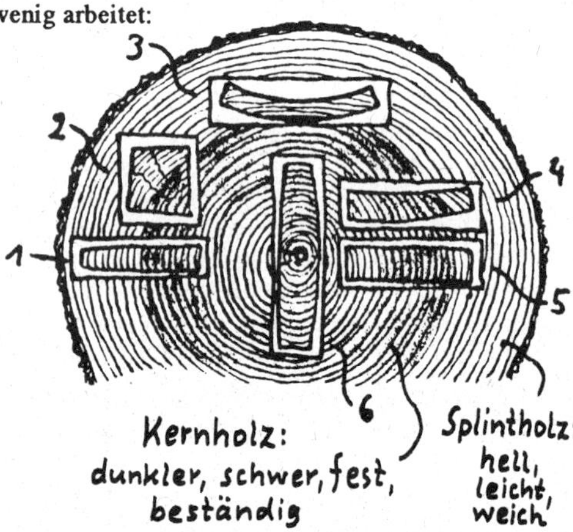


Brett Nr. 1 ist für Zweiflügler ungeeignet, da zur Hälfte leichtes Splintholz, ungleichmäßiges Gewicht. Für Dreiflügler aber brauchbar, wenn Gewicht und Schwerpunktlage mit den anderen Brettern übereinstimmt (s.S.80 ). Es wirft sich fast nicht.

Nr. 3 ist sehr schlecht: nur Splintholz, wirft sich sehr, wenig Festigkeit.

Nr. 4 ist notfalls geeignet, wenig Splintholz. Man sollte die glatte Seite des Repellers aus der Seite machen, die sich hohl wirft.

Nr. 5 ist ideal geeignet, fast nur Kernholz. Jahresringe durchziehen das Brett senkrecht; da das Holz quer zu den Jahresringen arbeitet, verändert das Brett höchstens seine Breite, wirft sich aber nicht.

Nr. 6 ist auch gut, Jahresringe senkrecht. Die Kernbohle arbeitet am wenigsten. Aber am Kern Gefahr für Rißbildung. Entweder nur die am Kern gespaltene Hälfte des Brettes verwenden, oder, wenn die Hälfte zu schmal ist, beide Teile mit den Außenseiten gegeneinander verleimen (nur mit Leim Güte B4!, s.S.81 )

# • Die Repeller-Bauschritte



Alle Maße beziehen sich auf 1,7m Repeller-$\phi$, für andere $\phi$ alle Maße umrechnen und Profile z.B. auf einem einstellbaren Photokopierer vergrößern / verkleinern. Beachte: Der LiMa-Achs-$\phi$ begrenzt die Repellergröße! (s.S. 38 !)

Ausgangsmaß: Brett 1,7m lang, 10cm breit, 24mm dick (gehobelt 23 mm). Zuerst Schwerpunkt prüfen, z.B. auf ein Winkeleisen legen und ausbalancieren:

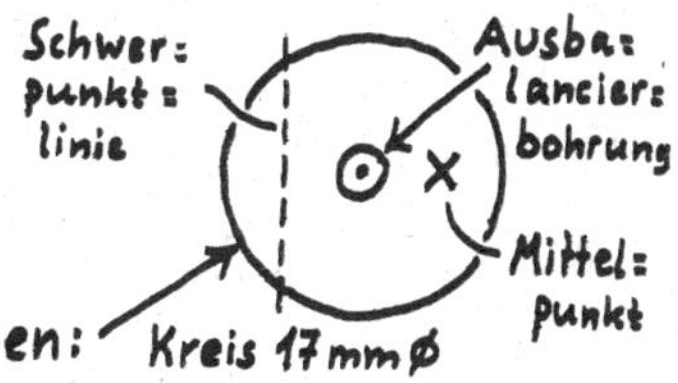


Schwerpunkt mehr als 1 cm von der Mitte abweichend? Das Brett ist aus ungleich schwerem Holz (Kernholz, Splintholz) und ein Repeller mit gleich schwerren Flügeln nicht einfach daraus zu bauen. Möglichst ein anderes Brett nehmen.

Beim ganzen Bau mußt Du immer, nachdem Du an beiden Flügeln die gleichen Arbeitsgänge gemacht hast, das Gleichgewicht prüfen. Darum jetzt den Mittelpunkt genau ausmessen und dort (bei abweichendem Schwerpunkt in der Mitte zwischen Schwerpunktlinie und Mittelpunkt) ein Loch z.B. 4mm $\phi$ exakt senkrecht bohren. Dann kannst Du den Repeller stets auf einem 100-er Nagel (= 3,8mm $\phi$) prüfen.

Bei abweichendem Schwerpunkt wird sich die Seite aus dem schwereren Holz nach den ersten Arbeitsschritten natürlich nach unten drehen, diese Tendenz muß aber mit der Arbeit immer schwächer werden, beim Bearbeiten der Lee-Seite mußt Du auf jeden Fall Gleichgewicht erreichen! Bevor Du das Loch bohrst, aber nachdem Du es angezeichnet hast, zeichne drum herum einen Kreis mit genau LiMa-Achs-$\phi$ (meist 17mm, Zirkel benutzen!), nach dem Du später die Nabe ausrichten mußt.

Trapezform herstellen (mit Beil oder Säge), dann hobeln:

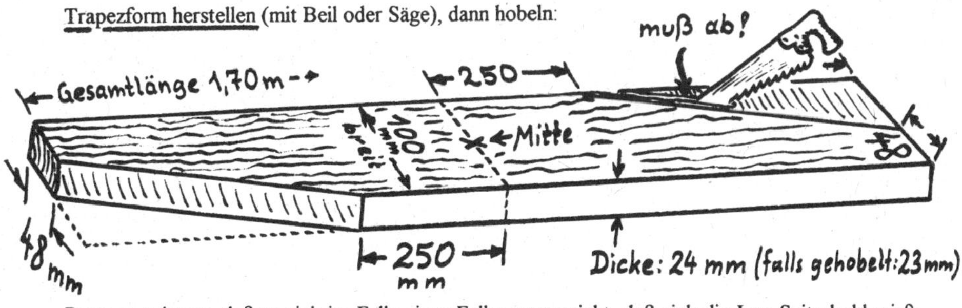


Brett so nehmen, daß es sich im Falle eines Falles so verzieht, daß sich die Luv-Seite hohl wirft (Kernseite zur Lee-Seite, bei extrem trockenen Holz Kernseite zur Luv-Seite). Das stört die Aerodynamik kaum, während eine hohle Lee-Seite schlimm wäre!

Die Profile sind so ausgelegt, daß alle anzuzeichnenden Linien (Luvseite, Hinterkante, Profilnasen - Linie) gerade sind. Luv-Seite anzeichnen, vorhobeln, eben hobeln oder raspeln:

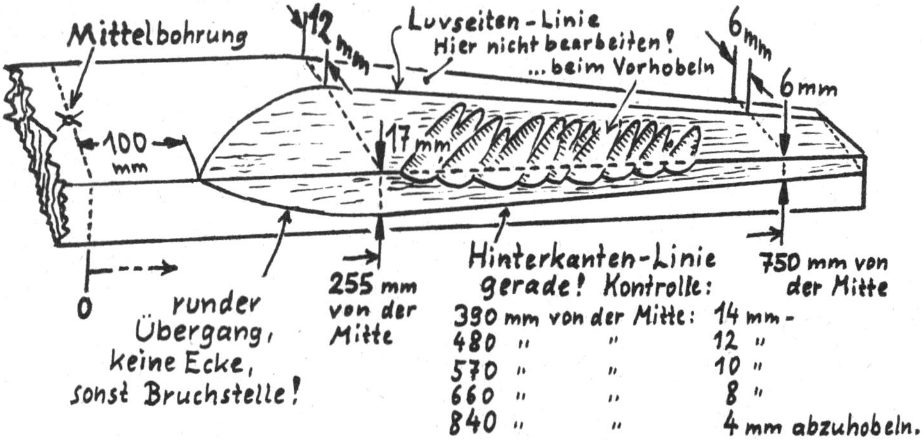


Beim Vorhobeln genug Abstand von den Linien halten (besonders: Luvseite!), Feinarbeit bis an die Linien heran, Fläche quer zum Flügel muß eben werden! Ballig (= vorgewölbt) schadet, minimal hohl nicht.

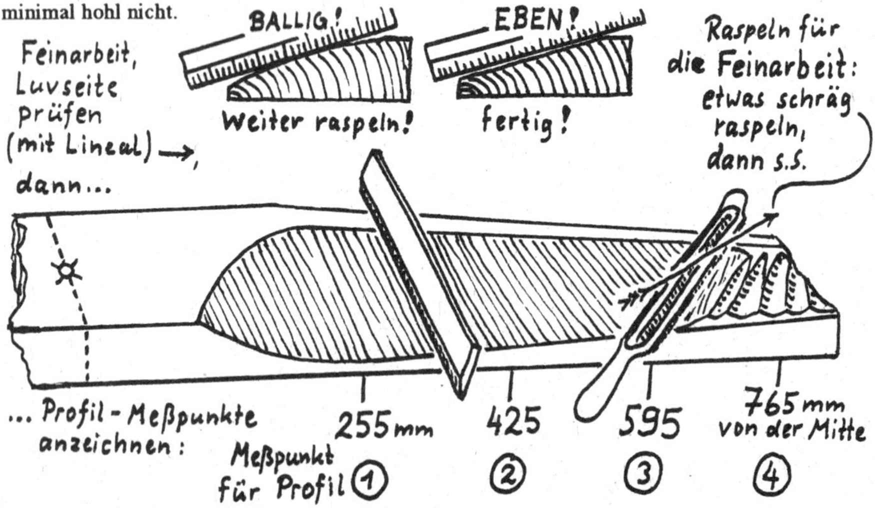


Die Meßpunkte sind die Stellen, an denen die Profilschablonen angelegt werden. Zwischen Profil 1 (bei 255 mm) und der 100-mm - Marke das Profil in einem sanften Übergang auslaufen lassen, keinesfalls mit einer Ecke oder Kerbe (gibt Bruchstelle)! Gleichheit prüfen!

Profilschablonen herstellen (s. S. 31 ), <u>Flügelblatt umdrehen,</u> beim Bearbeiten der Leeseite aufpassen, daß das Profil weder längs noch quer zum Flügel Dellen oder Stufen kriegt (böser aerodynamischer Fehler). Nach dem Raspeln an den Meßpunkten geht alles mit dem Hobel (gerade Linien) bis auf bei Profil 1, wo der Übergang im Weg ist. Hobelst Du längs zum Flügelblatt, entsteht auch zwischen den Meßpunkten wie von selbst das richtige Profil. Gleichheit der Flügel prüfen!

Hinterkanten-Linie: Kontrollpunkte anzeichnen

Übergang: mit gebogenem Draht als „Lineal" anzeichnen

Luvseite: Gröbste Vorarbeit mit Beil - Vorsicht!

Luvseite vorhobeln: Arbeitsrichtung so, daß es nicht ins Holz reißt!

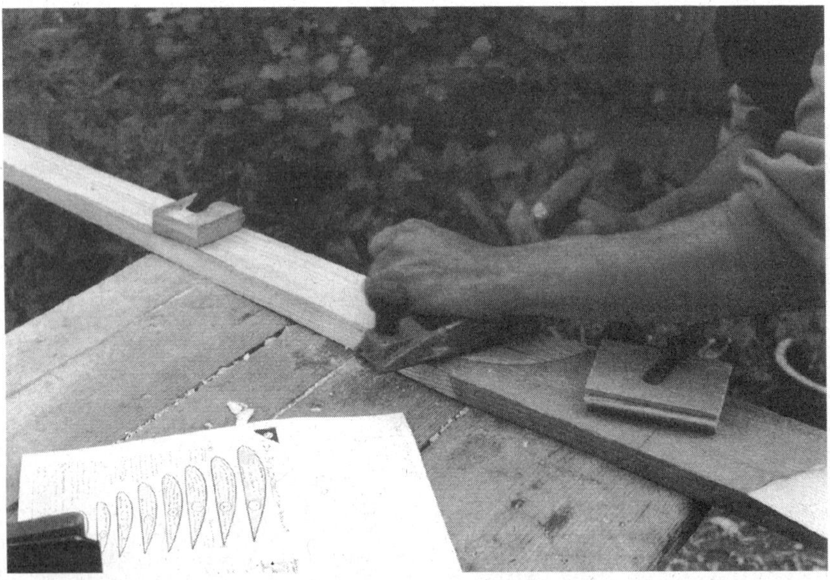

Feinarbeit an der Luvseite mit der Raspel.

# Die Profile Maßstab 1:1 zum Abpausen!



(für 1,7 m Ø)

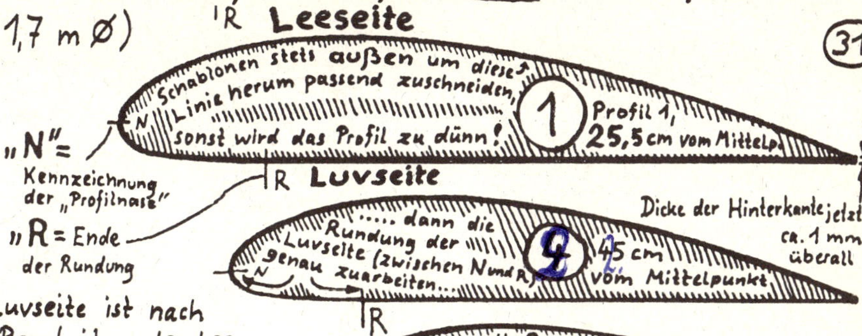

Die Luvseite ist nach dem Bearbeiten der Lee=seite noch glatt & eben.

Vom Punkt „R" bis zur Hinterkante bleibt sie auch eben, bis auf eine ganz leichte Abschrägung dicht an der Hinterkante, die später beim Schmirgeln entsteht:

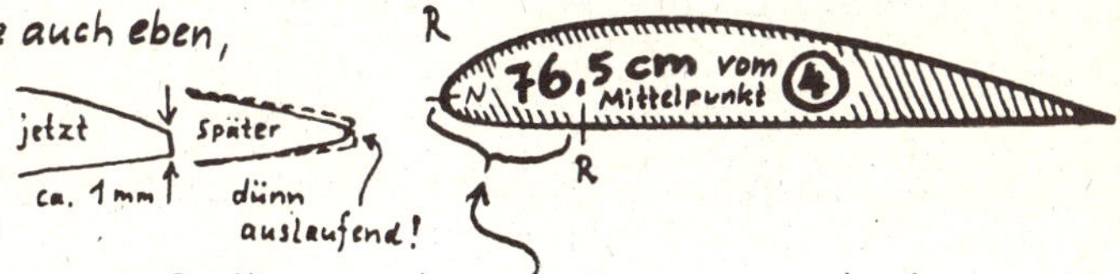


Vom Punkt „R" aus bis zur Profilnase „N" hin geht die sonst ebene Luvseite kaum merklich in eine Rundung über, mache Dir auch dafür Schablonen!

## Abpausen und Anlegen der Schablonen:

Beim Abpausen Lineal an die gerade Luvseite des Profils legen.

**Zum 1. Schritt** Leeseite so weit abarbeiten, bis Schablone bei *-* an Lineal stößt, das Du gegen die glatte Luvseite des Flügels hältst.

**Im 2. Schritt** Schablone für die Luvseiten=rundung ausschneiden. An die glatte Luvseite halten und Rundung zwischen N und R so weit...

....abarbeiten, bis Schablone bei N an die Leeseiten-Schablone stößt.

**3. Schritt:** Hinterkante nach=schmirgeln, Flügel=enden runden.

**Die Profilkoordinaten** (für Rechenknechte):

in Hundertstel der Blattbreite von „N" aus

| | | | | | | | | | | | | | | | | | |
|---|---|---|---|---|---|---|---|---|---|---|---|---|---|---|---|---|---|
| x | 0 | 1,25 | 2,5 | 5 | 7,5 | 10 | 15 | 20 | 30 | 40 | 50 | 60 | 70 | 80 | 90 | 95 | 100 |
| y Lee | 4,8 | 7,5 | 8,8 | 10,6 | 11,9 | 12,9 | 14,3 | 15,3 | 16 | 15,8 | 14,8 | 12,96 | 10,5 | 7,7 | 4,4 | 2,6 | 0,8 |
| y Luv | 4,8 | 2,6 | 1,8 | 0,96 | 0,48 | 0,3 | 0,08 | 0 | 0 | 0 | 0 | 0 | 0 | 0 | 0 | 0,08 | 0,2 |

in gleicher Maß-einheit von der Ebene der Luvseite aus. Profil 797.

# (32) Profile raspeln: (Halbrundraspel), prüfen, fertig...

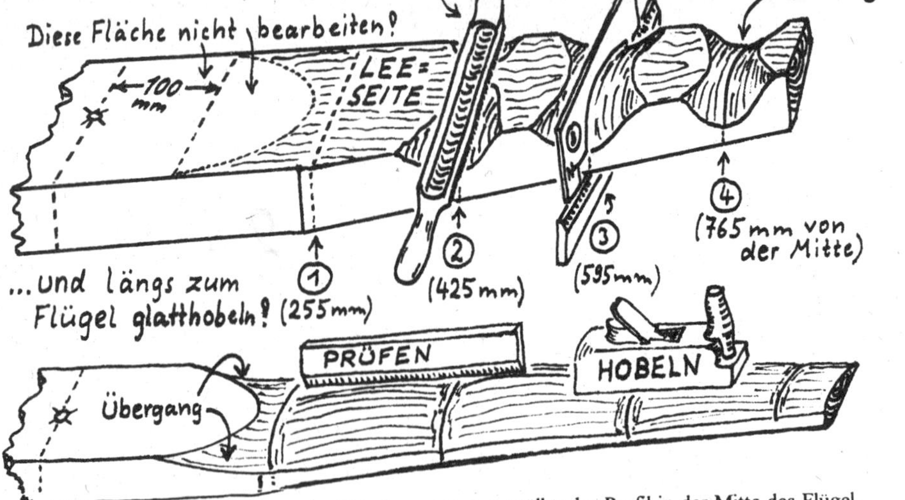


Hier ist die Fläche noch, längs zum Flügel gemessen, gewölbt; das Profil in der Mitte des Flügelblattes wäre zu dick. So ist es richtig:

**Am fertigen Flügel muß die Hinterkante genau 1 mm dick sein: Dicker macht zu viel Krach, dünner ist zu zerbrechlich.**

Raspele den Übergang zur Nabe langsam auslaufend, sonst entsteht eine Bruchstelle!

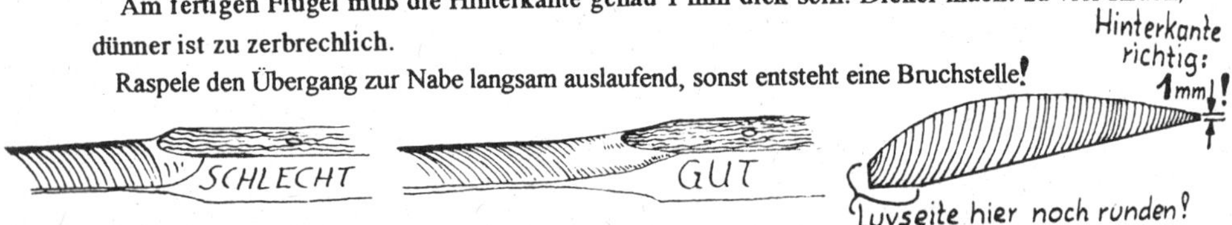


**Jetzt vorsichtig die Luvseiten - Rundung an den Meßpunkten raspeln, dazwischen mit fein eingestelltem Hobel längs zum Flügel hobeln. Feine Form schmirgeln!**

**Flügelende nach Schablone formen, entstehende Kanten (dem Repellerprofil entsprechend) abrunden. Gleichgewicht prüfen.**

**Alle bearbeiteten Flächen, wo noch nötig, schmirgeln: Kleinste noch fühlbare Hobelstriche stören das Profil.**

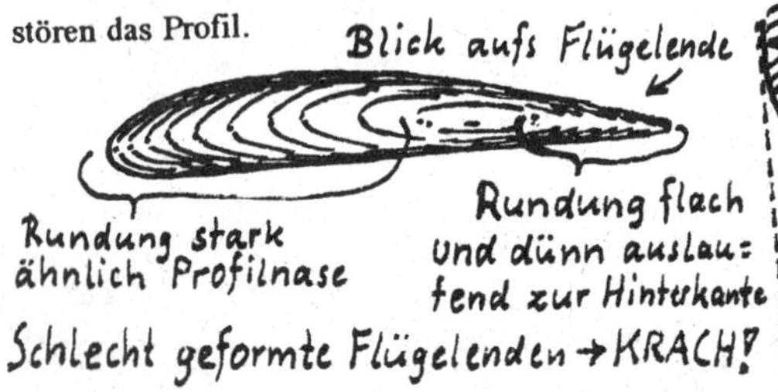

**Weiter: Genaue Gleichgewichtsprüfung!** (s.S.34)

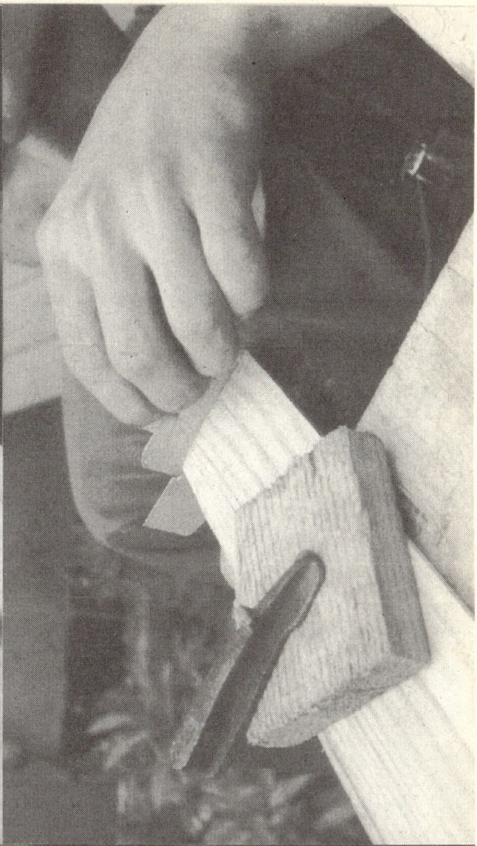

# ㉞ • Endgültiges Gleichgewicht erreichen & prüfen:

Zum Prüfen wird das Ausbalancieren am Nagel jetzt zu ungenau, Du mußt ihn an die Riemenscheibe schrauben und an der leichtgängig gelagerten LiMa-Achse auspendeln lassen. Die komplette LiMa ist zu schwergängig. Kohlebürsten, evtl. zu steif gewordenes Lagerfett usw. bremsen. Darum nimm nur die vordere LiMa-Gehäusehälfte mit Polrad drin und mit Heizöl o.ä. leichtgängig gemachtem Lager.

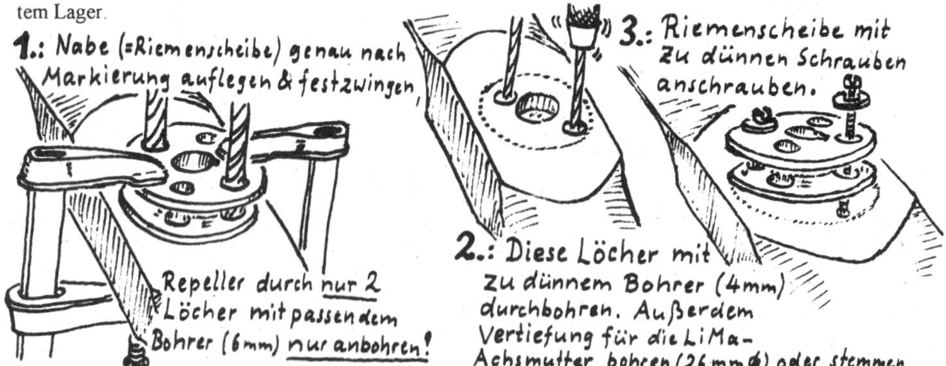


Anschrauben: Zuerst nur 2 zu dünne Löcher (4 mm ϕ) in Repeller bohren und Scheibe mit 2 zu dünnen Schrauben (M4 statt M6 befestigen). Dann hast Du etwas Spiel zum Verschieben, das meist genügt, um genaues Gleichgewicht zu erreichen.

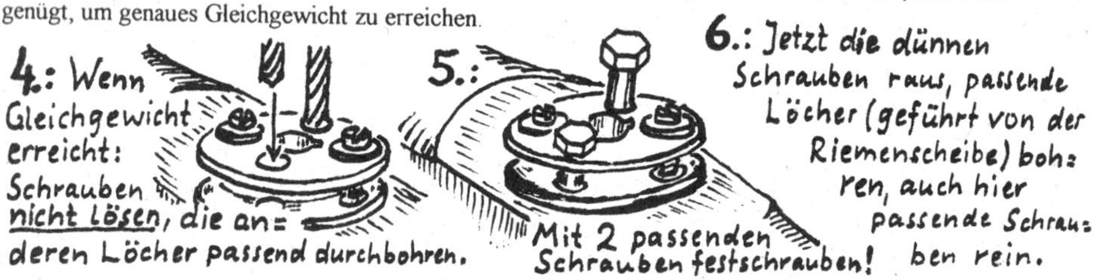


Sehr grobes Ungleichgewicht? Erst prüfen, ob beide Flügel gleich dick geworden sind. Kleine Fehler bringen oft schon große Unwucht. Durch Schmirgeln korrigieren. Notfalls, z.B. bei ungleich schwerem Holz, den zu schweren Flügel kürzen. Bis zu 1/2 cm schadet das der Aerodynamik kaum.

**Endgültiges Herstellen der Gleichheit: Notfalls beim zu schweren Flügel das Profil großflächig dünner schmirgeln, aber unauffällig, d. h. die Profilform muß bleiben, keine Dellen! Schlankeres Profil nahe der Nabe stört die Aerodynamik kaum, nahe den Flügelspitzen stören schon kleinere Änderungen!**

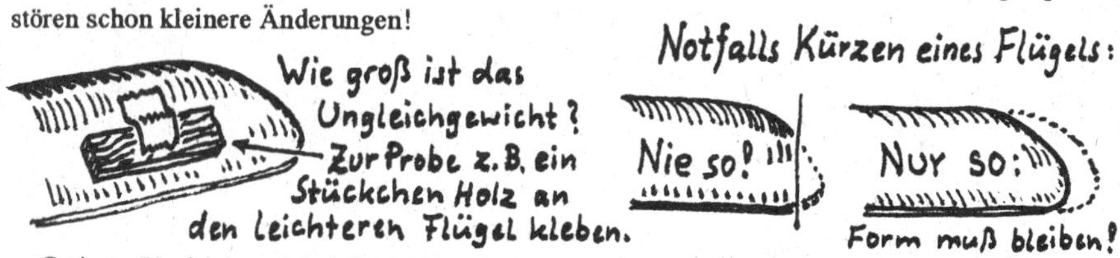


Geringes Ungleichgewicht läßt sich beim Feinschmirgeln und Lackieren ausgleichen (s.S. 36). Bei der Gleichgewichtsprüfung (statische Unwucht) stets auch prüfen, ob der Repeller etwa schief auf der Achse sitzt. Das ergibt nicht nur eine dynamische Unwucht (s.S. 40), sondern verlagert auch den Schwerpunkt. Für die hier nötige Genauigkeit stört das Spiel des einen Lagers nicht. Für die Prüfung auf dynamische Unwucht muß die LiMa natürlich komplett sein und die Riemenscheibe festgeschraubt, nicht bloß auf die Achse gesteckt.

Riemenscheibe auf den Repeller abge= zeichnet, 2 Löcher für zu dünne Schrau= ben und Senkung fürs Ende der Achse gebohrt.

Repeller mit verschiebbar angeschraubter Riemenscheibe zum Prüfen auf die vordere Hälfte der LiMa gesteckt.

# • Schmirgeln, Hagelschutz, Lackierung

**Schmirgele** zunächst mit 50er, dann mit 80er, und zuletzt mindestens mit 120er Sandpapier, um eine möglichst glasartig galtte Oberfläche zu erreichen.

Dabei stets das Gleichgewicht prüfen.

Ist fertig geschmirgelt und auch die Randbögen aalglatt, kann das Holz **imprägniert** werden, aber bitte nicht mit irgendwelcher Chemie, sondern tränke das Holz mit Leinölfirnis und wische den Überschuß, der nicht aufgesaugt wurde, rechtzeitig ab. Nach mindestens einer Woche Wartezeit kann **Bootslack** drauf. Trage jede Lackschicht dünn auf, eine dicke Schicht würde rauh und kaum haltbar. Zwischendurch immer mindenstens 3 Tage warten, dann ganz fein schmirgeln, damit die folgende Schicht absolut glatt wird.

Beim Lackieren müssen wir den **Hagelschutz** anbringen:

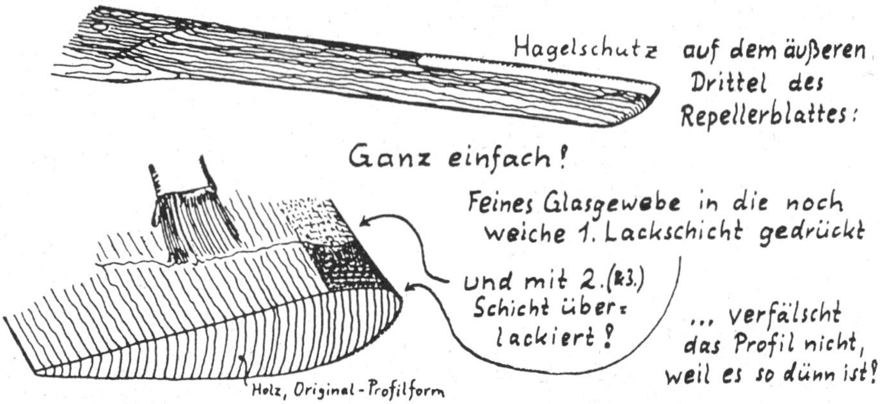


Der Repeller läuft schnell, bei Windstärke 5 können die Flügelspitzen mit 200 bis 300 km/h die Luft durchschneiden. Treffen sie mit dem Wahnsinnstempo gegen Hagelkörner, sind die Vorderkanten bald ramponiert. Auf die Dauer würde sogar Regen schaden.

Drücke in die klebrige 1. Lackschicht eine Lage feines Glasgewebe. Es muß sehr glatt gewebt sein, etwa wie Bettlaken. Gibt's im Flugmodellbau - Bedarf. Trocknen lassen. Die 2. Lackschicht durchtränkt und festigt alles. Gut trocknen lassen, evtl. vorstehende Fasern abschmirgeln, 3. Lackschicht drauf. Das ist Öko-er, viel leichter zu verarbeiten und besser reparierbar als Methoden mit Kupferfolie oder ekelchemostinkendem Glasfaser - Kunstharz!

Lackiere in einem trockenen, möglichst auch warmen und staubfreien Raum mit einem Haarpinsel oder sehr weichen, flachen Borstenpinsel. Auch das Firnissen und Lackieren kann das Gleichgewicht durcheinanderbringen, zur Korrektur stellenweise eine zusätzliche Lackschicht aufbringen.

Lack auf Ölbasis ist wesentlich besser als Kunstharz- oder PU - Lacke, er geht beim Arbeiten des Holzes mit und neigt nicht zum Aufplatzen, was z.B. bei Fensterrahmen die typischen Verwitterungs- und Gammelecken entstehen läßt.

Bei Unwettergefahr sollten wir das Windrad lieber stillegen, dann brauchen wir nur alle 1 - 2 Jahre Lackschäden auszubessern.

Gründliches Schmirgeln bringt viel Leistung bei leisem Lauf!

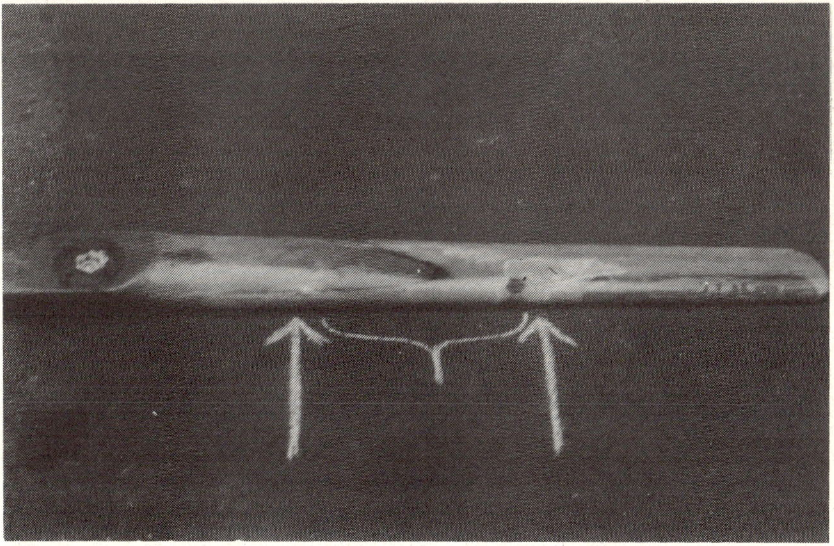

Glasgewebe-Kunstharz-Überzug: ein oft empfohlener Tip mit bösen Folgen! Überzug kriegt bei Belastung feinste Risse, Feuchtigkeit dringt ein, Holz quillt, Überzug kriegt größere Risse, Holz saugt sich voll, kann nicht trocknen, verzieht sich völlig (zwischen den Pfeilen) und fault (dunkle Stellen), schließlich fliegt der Überzug ab (rechter Pfeil).

# • Die Achse

für den Repeller ist stabil genug, wenn sie mindestens 1/100 vom Repeller-$\phi$ hat. LiMas haben meist 17mm Achs-$\phi$, das reicht für Repeller bis 1,7m $\phi$.

Seit 1981 haben wir aber schon 1,8-m-Repeller daran laufen lassen (vielfach dauergetestet), ohne daß etwas passierte. In Gebieten ohne extreme Stürme oder bei guter Sturmsicherung ist das also bestimmt sicher. Doch manche LiMas (2 CV!) haben nur 15mm Achs-$\phi$, für 1,7m-Repeller bei starkem Wind evtl. nicht sicher genug!

# • Die Lager

der LiMa sind zwei dauerhafte Kugellager. Im Auto müssen sie den Keilriemenzug aushalten und dabei über 10x so schnell wie der Repeller laufen (bis 20.000U/min!) Im Windrad müssen sie zwar fast dauernd laufen, aber recht langsam, und sie werden nicht einseitig belastet. Das halten auch etwas abgenutzte Lager noch jahrelang aus, wenn kein Wasser hineinläuft. Laut ratternde Lager tausche lieber aus, am besten gegen die "RS"-Ausführung mit Gummidichtungen (s.S. 47), aber erst nach dem Auswuchten, denn solche Lager laufen etwas schwerer.

# • Die Nabe

Ideal als Nabe ist eine Riemenscheibe aus Massivstahl: Schraubenlöcher direkt durchbohren, fertig. Riemenscheiben aus Gußeisen oder Alu sind allein zu brüchig. Montierst Du aber ein Verstärkungsblech (z.B. die Bremsscheibe) dahinter, sind sie ebensogut.

Sogar Blech-Riemenscheiben können wir mit Verstärkungsblechen auf beiden Seiten zu guten Repeller-Naben verwandeln!

Blech - Riemenscheibe: Aussparungen für Schrauben genau passend zu den Bohrungen im Verstärkungsblech (hier: Lüfterrad) feilen.

Achtung: Hier siehst Du, wie alles komplett mit Repeller werden muß!

Damit der sich aber noch zum Auswuchten verschieben läßt, nicht gleich Schraubenlöcher mit vollem ϕ in den Repeller bohren, sondern vorher Seite 34 beachten!

Beim Auswuchten willst Du die Nabe auf die Achse stecken können, ohne daß sie auseinanderfällt, darum verschraube zuerst nur die Riemenscheibe und beide Verstärkungsbleche mit 2 kurzen Schrauben. In der Zwischenlage bohre die Löcher so groß, daß die Schraubenköpfe darin verschwinden und der Repeller glatt aufliegt.

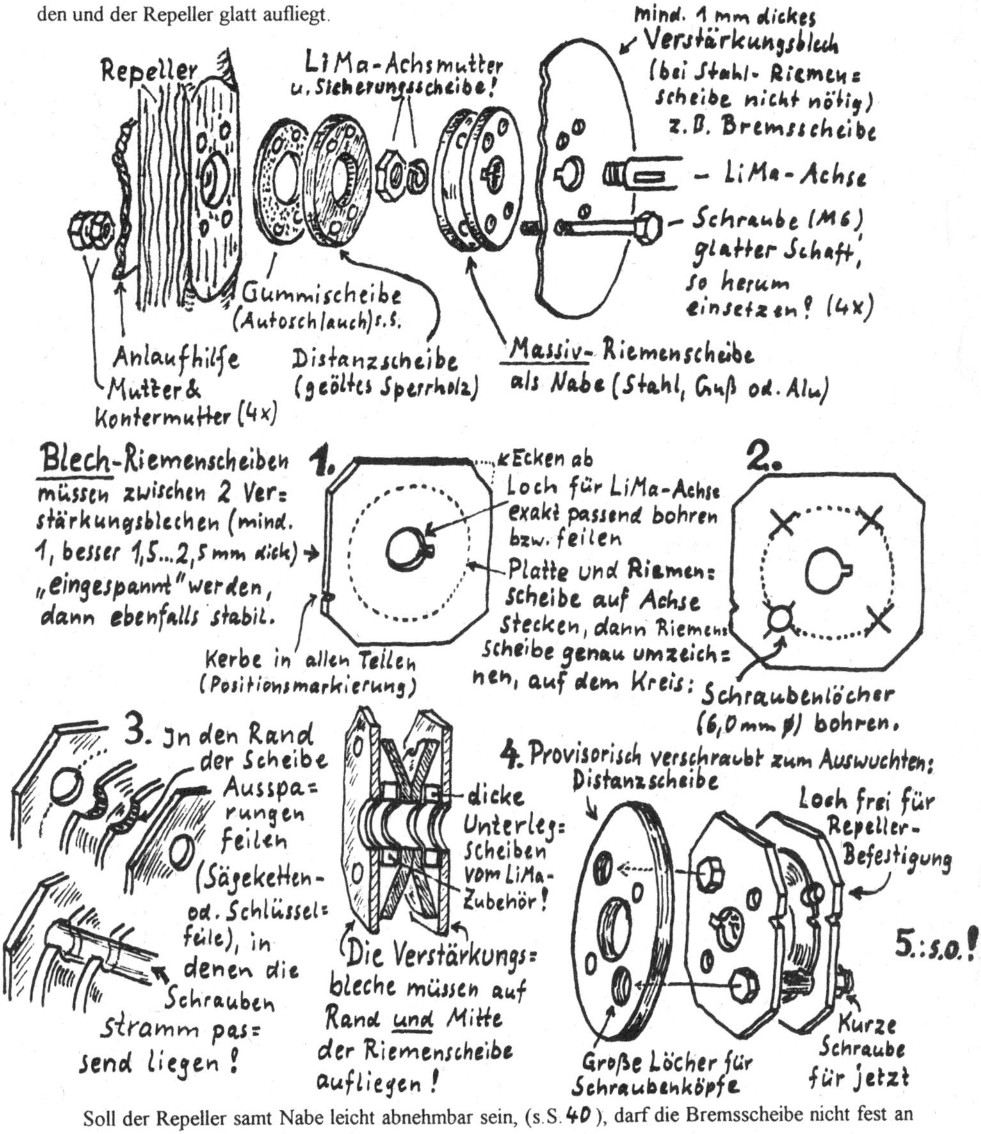


Soll der Repeller samt Nabe leicht abnehmbar sein, (s.S. 40), darf die Bremsscheibe nicht fest an der Nabe sitzen (also nicht als Verstärkungsblech dienen), denn sie bleibt hinter der Bremse hängen. Darum stecken hier die Schraubenköpfe herausziehbar in den Löchern der Scheibe und übertragen nur die Drehkraft. Zentriert wird die Bremsscheibe allein von der Achse.

# • Ausrichten gegen dynamische Unwucht:

Montiere den Repeller wie endgültig und mit Anlaufhilfe an der kompletten LiMa. Miß nach, ob beide Flügel genau in einer Ebene laufen, d.h. beim Drehen im gleichen Abstand am Tisch vorbeigehen.

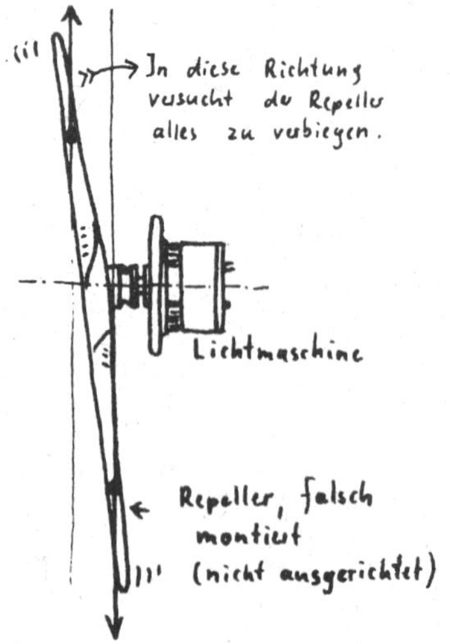


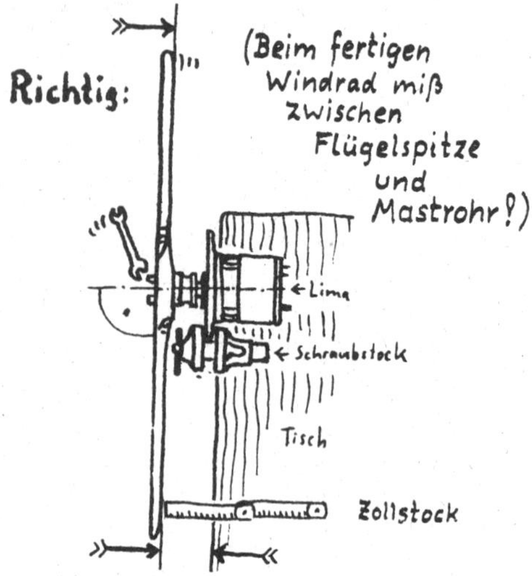


Wenn nicht, gibt es bei schneller Drehung eine böse Unwucht, von der man beim Ausbalancieren noch nichts merkt. Erst die Fliehkraft zieht die Flügel in eine Ebene und zerrt dabei die Achse schief, so daß sie sich wie ein Rührlöffel im Suppentopf dreht und das Windrad kaputtrüttelt.

Die Nachgiebigkeit des Gummis zwischen Nabe und Repeller macht's möglich, den Repeller durch verschieden starkes Anziehen der Schrauben exakt auszurichten. In schweren Fällen hilft ein zusätzliches dünnes Stück Gummi auf der Seite, wo etwas fehlt.

Auch die Anlaufhilfe ebenso ausrichten. Vorher prüfen, ob sie evtl. ungleich gebogen ist. Nach dem Justieren Kontermuttern auf die Schrauben, nach evtl. Demontage erneut ausrichten. Soll der Repeller öfter an- und abgeschraubt werden, erspart Dir ein Loch in der Repellermitte das jedes Mal lästige Ausrichten: Bohre es so klein wie möglich, aber so groß, daß Du z.B. mit einem Zündkerzenschlüssel an die (notfalls passend gefeilte) LiMa-Achsmutter rankommst. Ein Korken verschließt das Loch beim Betrieb.

# • Anlaufhilfe und Ausgleichgewicht

Als Anlaufhilfe (s.S. 24) reichen Flügel aus dünnem Blech. Sie müssen in einem günstigen Winkel (10-15°) und in derselben Weise schräg wie die Repeller-Luvseite angestellt sein. Ein größerer Winkel bringt mehr Anlaufkraft (bei Dauermagnet-Generatoren evtl. nötig), aber Leistungsverluste bei schnellem Lauf. Längere Flügel wirken ebenso, daher Länge max. ca. 1/4 der Repellerblätter.

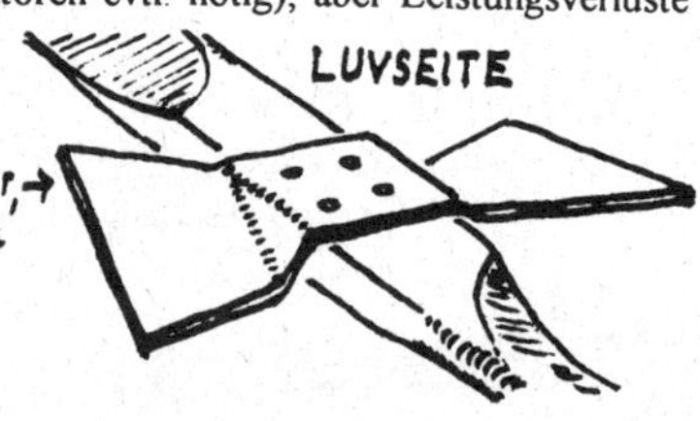


**Die Anlaufhilfe kommt so auf den Repeller, → dann gleichen sich Winddruck und Fliehkraft aus, und die Aerodynamik wird am wenigsten gestört.**

Als Massenträgheitsmomentenausgleich (s.S. 6 ) müssen die Flügel schwer sein. Für einen ungefähren Ausgleich biege die Flügel einfach wie hier gezeichnet aus 2-3 mm starkem Blech.

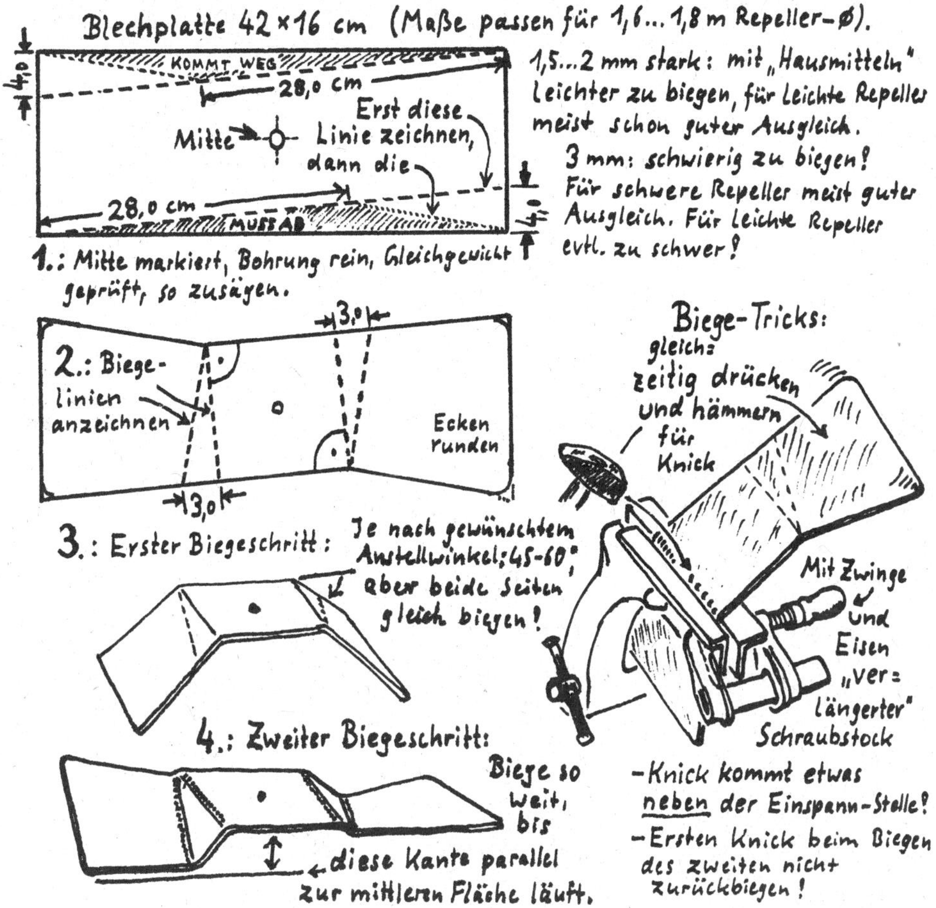


Die Fliehkraft ist gewaltig, daher der Bau aus einem durchgehenden Stück. Findest Du nichts ausreichend Großes, verdrehe ein derbes Stück Flacheisen passend und niete zwei gleiche Eisenplatten an, aber in einer Anordnung, die das Flacheisen nicht schwächt,und so, daß es garantiert hält!
Eine sich bei 1000 Touren lösende Eisenplatte würde zum tödlichen Geschoß!
Schweißnähte sind heikel, sie neigen zu Dauerbrüchen!

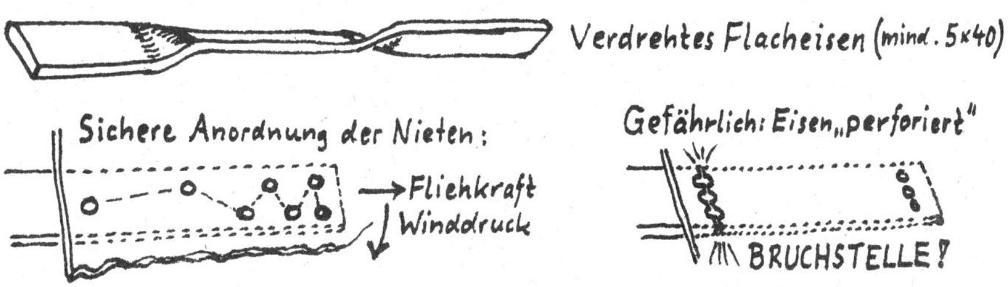

Biegen der Anlaufhilfe am „verlängerten Schraubstock":
Der Blechrest links gibt Gegendruck rechts (wo die Anlauf=hilfe eingespannt ist) und entlastet so die Zwinge!

Nachbiegen der 1. Biegung mit einem Eisenstück als „Stößel"...
Oder: Mach' Dir's leicht - benutze die Abkantbank in einer Schlosserei!

Die fertige Anlaufhilfe muß ebenso sorgfältig wie der Repeller ausgewuchtet werden. Abfeilen am Rand oder dicke Nieten am äußeren Ende helfen. Oft liegt der Fehler aber an ungleich gebogenen Flügeln.

Guter Rostschutz ist selbstverständlich. Leinölfirnis aufs warme Eisen gepinselt dringt besser in Ritzen ein als die meisten Farben! (s.S.59)

Willst Du einen fast vollkommenen Massenträgheitsmomentenausgleich erreichen, mußt Du die Trägheit von Repeller und Anlaufhilfe einzeln prüfen und vergleichen. (Nötig nur z.B. auf sehr hellhörigen Häusern und bei viel Wind, wenn kleinste Vibrationen stören.)

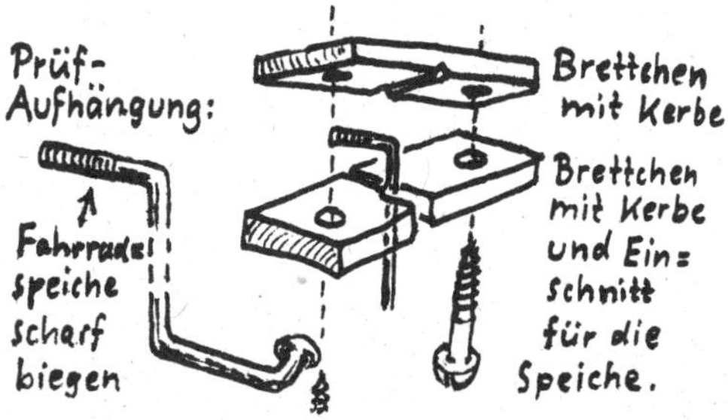

Hänge den Repeller am Federstahldraht (Fahrradspeiche) auf. Der Draht darf an den Befestigungsstellen nicht wackeln. Repeller um ca. 30° drehen, loslassen: Er dreht sich hin und her. Zähle die Auschläge pro Minute. Prüfe die Anlaufhilfe ebenso. Verändere ihr Gewicht, z.B. indem Du Blechplatten auf die Flügelflächen schraubst (und später nietest), bis sie etwa gleich langsam dreht wie der Repeller.

# Die Lichtmaschine

## • Folgende Lichtmaschinen-Bauarten gibt es:

Gleichstrom-LiMas: Uralt. Kennzeichen: Die Kohlebürsten sind sehr dick und laufen nicht auf Schleifringen, sondern auf einem "Kommutator" mit kleinen Lamellen. Bauform länglich, ähnlich wie ein Anlasser. Vorteile: sehr robust, keine Dioden, selbsterregend. Nachteil: Der Strom wird im sich drehenden Anker erzeugt, äußerst schwierig umzuwickeln! Sie sind jedoch gut als starker 12-V-Motor zu gebrauchen!

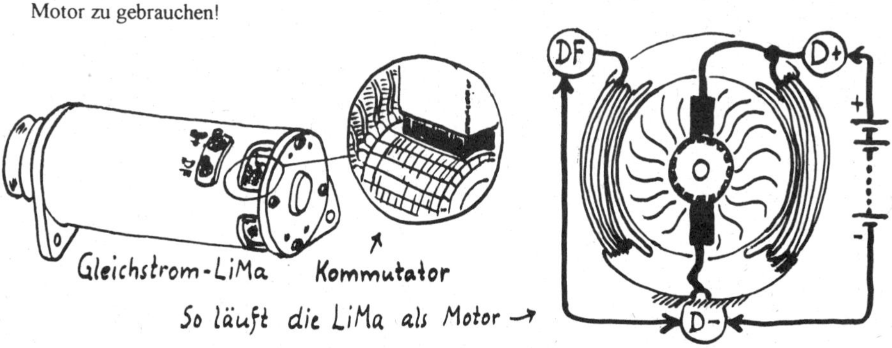

Wechselstrom-LiMas: ziemlich selten geworden, waren in einigen französischen Autos (z.B. 2 CV) üblich. Kennzeichen: Polrad und Stator haben gleich viele Pole. Wenn von außen nicht sichtbar, prüfe nach Punkt 4 (S. 45).

Vorteile: einfache Schaltung, sehr leicht umwickelbar! Meist wenig Feldstromverbrauch, also wenig Antriebskraft nötig, gut für Schwachwind oder kleine Windräder. Für stärkeren Wind sogar ohne Umwickeln geeignet (Schalt-Trick S. 97)!

Nachteile: Bisher keine für größere Leistungen gefunden. Lautes Brummen als Laufgeräusch. Stark pulsierender Ladestrom: Nicht so gut für Batterie, aber mit dickem Kondensator an der LiMa zu "glätten".

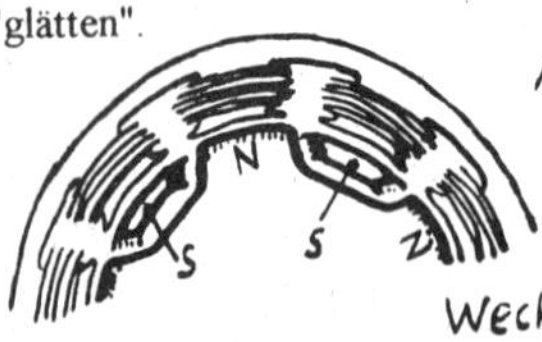


Ausschnitt von Stator und Polrad einer

Wechselstromlima

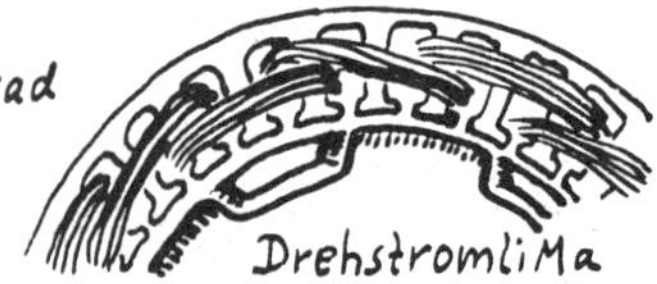

Drehstromlima

Drehstrom-LiMas: seit ca. 1980 das Übliche. Kennzeichen: Der Stator hat viele kleine Pole, 3 x so viel wie das Polrad. Wenn von außen nicht sichtbar, Probe Punkt 4 (S. 45).

Vorteile: Leiser Lauf. In beliebigen Stärken zu finden. Viele Anpassungs- und Verbesserungs-Schaltungen möglich.

Nachteile: Umwickeln schwieriger.

Die Drehrichtung ist bei Wechsel- und Drehstrom-LiMas egal für's Stromerzeugen und nur für's Lüfterrad wichtig, welches wir am „windgekühlten" Windrad nicht brauchen.

# • Lichtmaschinen aussuchen & prüfen:

LiMas, die geeignet erscheinen, auf dem Schrottplatz grob prüfen (mit Batterie und Glühbirne möglich, s.S. 45 Punkt 1-4).

Besonders geeignete LiMas erkennen:

Möglichst **kleine Ladebeginn-Drehzahl** ist wichtig, aber auf dem Schrottplatz schwer zu messen (regelbare Bohrmaschine und Stroboskopscheibe (s.S. 88) sind nötig), aber Bosch-LiMas haben eine Kennziffer für den Drehzahlbereich. Die 3. Zahl nennt die Drehzahl, bei der 2/3 Vollast erreicht werden, z.B. bei einer 14 V 35 A 20 - LiMa bei 2000 U/min, bei einer ...V...A 28 - LiMa bei 2800 U/min. Ladebeginn ist bei ca. 2/5 dieser Drehzahl, d.h. bei 20-er-LiMas bei 800 U/min, bei 28-er - LiMas bei gut 1100 U/min.

Je weniger Strom die Feldspule verbraucht, desto schwächerer Wind ist nutzbar. Viele französische LiMas verbrauchen bei gleicher Leistung wie Bosch - LiMas deutlich weniger Feldstrom, z.B. braucht Ducellier 35 A nur 1,7 A Feldstrom, Bosch 35 A frißt 2,6 A Feldstrom! Mit Ampèremeter zu messen. Grobvergleich mit Batterie und Glühbirne: Minus an Gehäuse, Plus (über Glühbirne) an "DF" (franz. "EXC") oder (bei LiMas mit elektron. Regler) an "D+". Birne dunkler = weniger Feldstrom.

Bei LiMas gleicher Leistung hat die mit dem dickeren **Stator - Blechpaket** meist den besseren Wirkungsgrad. Gründe: Mehr Eisen leitet das Magnetfeld besser, weniger Magnetismus geht verloren, schwächere Feldspule reicht aus. Und: Nur in dem Teil des Wickeldrahtes, der in den Nuten läuft, wird Strom erzeugt. Die Bögen von einer Nut zur anderen machen nur Verluste (Widerstand). Bei dickeren Statoren sind die Nuten länger, die Bögen aber gleich wie bei dünnen.

Prüfung von Dreh - (und Wechsel - )stromliMas:

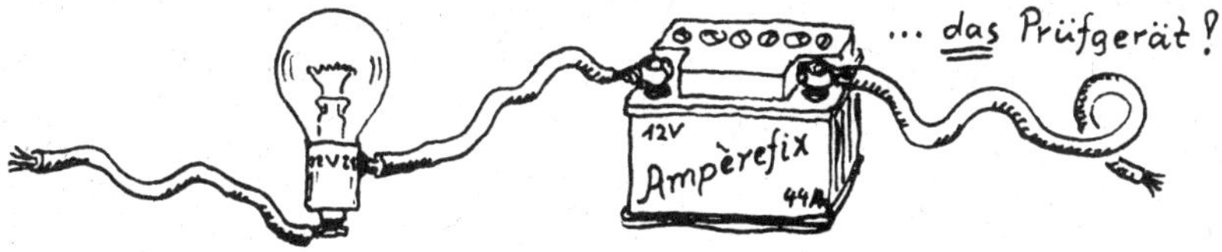


1. Alle Kabel abkoppeln!
2. **Fließt Feldstrom?** Batterie direkt an die Feldspule schließen, ⊖ an Masse, bzw. "D-", ⊕ an "DF" bzw. EXC". An der Achse drehen. Muß schwerer gehen. Geht's ganz leicht, ist kein Feld da, Kohlebürsten prüfen. Bei LiMas vom Schrott: häufigster Fehler: 1 Kohlebürste ist so kurz, daß Wackelkontakt → evtl. Schleifring verbraten.
3. Wenn Feldstrom fließt, **erzeugt die LiMa Strom?** Batterie direkt an der Feldspule lassen, Glühbirne mind. 21W direkt zwischen B+ und Masse schließen. LiMa schnell und kräftig von Hand drehen, z.B. Bindfaden auf die Riemenscheibe wickeln und kräftig abziehen. Birne brennt? Wohl in Ordnung. Aber: **Genaue Prüfung**, denn die LiMa kann zwar noch Strom erzeugen, aber mit Riesen-Verlusten!
4. **Polrad-Drehgefühl-Probe**. Wie Punkt 2, aber langsam an der Riemenscheibe drehen. Muß bei Wechselstrom-LiMas stark ruckweise gehen, **bei Drehstrom-LiMas darf's nicht rukken**, sondern muß sich anfühlen, als wär' die LiMa voll Sirup, es darf höchstens leicht pulsieren. Ruckweise? Fehler! Möglich:
   - eine oder zwei Dioden durchgebrannt.
   - Wicklungs-, Masse- oder grober Windungsschluß (S.52), Wicklung berührt Gehäuse
   - Statorspulen falsch zusammengeschaltet (1 Phase falschrum, s. S.14).

   Das Rucken kommt, weil die LiMa zwar Strom erzeugt, aber der Strom von 1 Phase kurzgeschlossen oder fehlgeleitet wird und Verlust macht. Immer, wenn diese Phase dran ist, kommt der Ruck! Im praktischen Betrieb macht diese LiMa viel zu wenig Ladestrom und wird heiß, mit Selbsterregungs - Schaltungen (S.89) erregt sie sich oft gar nicht oder bei sehr hoher Drehzahl.
5. **Polrad durchgebrannt?** Feldstrom messen. Soll: 2-CV-LiMa = 1,6A, Bosch 14V 35A = 2,6A, - 55A = 3,3A. Geringe Abweichung macht nix, falls deutlich höher, ist das Polrad mind. zum Teil durchgebrannt. Damit kann die LiMa zwar noch Strom erzeugen, aber mit miesem Wirkungsgrad, das Polrad frißt zu viel.
6. **Dioden-Grobprüfung**: Mit Batterie und Birne. ⊕ an "B+", ⊖ an Statoranschluß. Brennt: Diode(n) nach "B+" kaputt. ⊕ an Statoranschluß, ⊖ an Gehäuse. Brennt: Diode(n) nach "B-" (Gehäuse) kaputt. Nur bei Schaltung mit Extra - Dioden für Feldstrom: ⊕ an "D+" (Feldstromdioden), ⊖ an Statoranschluß. Brennt: Felddiode(n) kaputt.
7. **Achtung**: Masseschluß des Stators täuscht kaputte Ladestromdioden (nach "B-") vor, in dem Fall Stator ablöten und extra prüfen. Statorprüfung s.S.53. Zum genauen Prüfen der Statorwicklungen und Dioden Statoranschlüsse von den Dioden ablöten.
8. **Dioden genau prüfen**: Mindestens einen Anschluß ablöten oder abklemmen, dann mit 24V oder 36V Gleichspannung und schwacher Glühbirne (höchstens 2W) oder besser einem Galvanometer prüfen. Darf nur in einer Richtung Strom durchlassen, in der anderen Richtung kein bißchen!

# Auseinander- und Zusammenbauen der LiMa

Wenn man es falsch macht, gehen sehr leicht die Lager kaputt oder die Kohlebürsten brechen ab. Darum beachte, wie es richtig geht:

1.: Kohlebürstenhalter abschrauben, wenn nicht möglich, mit Drahthaken die Anschlußlitzen erfassen und Bürsten abheben. oder Schrauben lösen, daß der Halter lose in der Lima liegt. (S.48)

2.: Vordere Mutter abschrauben. Gegenhalten: Bandschlüssel um Lüfterrad, mit Holzkeil blockiertes Lüfterrad, mit Schutzbacken in Schraubstock gespannte Keilriemenscheibe. Scheibe, Paßfeder, Lüfterrad ab.

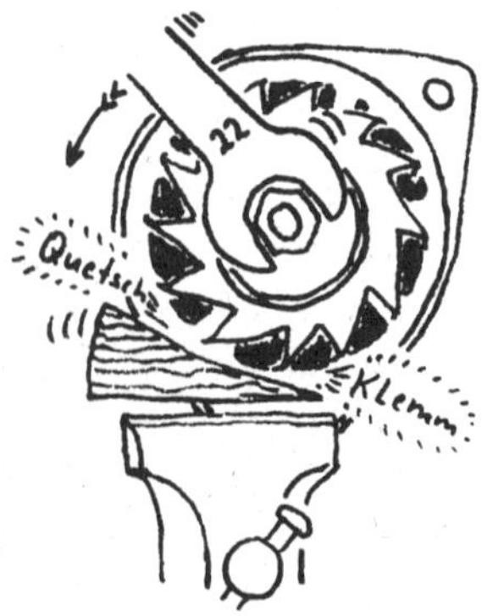

Riemenscheibe festgegammelt? Am besten mit Abzieher lösen. Notfalls mit 2 kräftigen Schraubenziehern von beiden Seiten gleichmäßig zwischen Lüfterrad und Riemenscheibe hebeln. Keine Gewalt, nicht verkanten! Kraft geht auf's vordere Lager!

3.: Gehäuseschrauben lösen. Sitzt die Schraube im Gewinde der hinteren Gehäusehälfte fest, Kriechöl drauf (Heizöl o.ä.), einwirken lassen, nochmal versuchen.

4.: Stator mit hinterem Gehäuseteil abnehmen: An gegenüberliegenden Seiten gleichmäßig hebeln, Holzkeile zwischen die Gehäusehälften treiben oder sonstwie vorsichtig lockern.

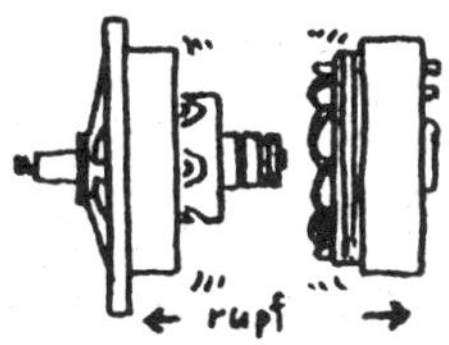


Nicht verkanten, nie mit Hammer auseinanderklopfen, Lager werden beschädigt!

5.: Statoranschlüsse von der Diodenplatte ablöten und Stator abnehmen. Anschlußstellen merken!

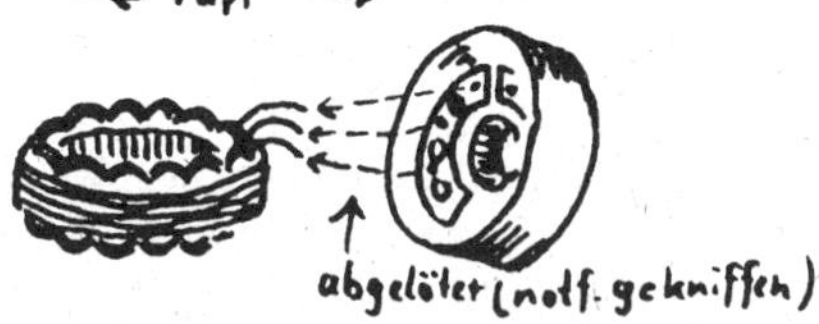


Montage:

Den fertig umgewickelten Stator und die Kabelanschlüsse für die Selbsterregungshilfe an die Diodenanschlüsse anlöten, Stator in die hintere Gehäusehälfte drücken, diese auf den Vorderteil aufschieben und mit den Gehäuseschrauben ringsum gleichmäßig festziehen.

Alle Eisenteile, besonders die Polflächen von Stator und Polrad, vorm Zusammenbau mit Fett oder Leinölfirnis einstreichen , damit sie in Wind und Wetter nicht rosten. Die Schleifringe für die Kohlebürsten aber unbedingt öl- und fettfrei halten!

Dann prüfen, ob Polrad am Stator schleift, ob vielleicht die Lager schwer gehen oder Krach machen. Durch Montagekräfte beschädigte Lager surren oder rattern, gute Lager sind nicht zu hören.

Der Stator schleift manchmal, weil Tränklack von der Wicklung zu dick auf den Polflächen oder auf dem Sitz im Gehäuse klebt. Vorsichtig abkratzen, ohne den Wicklungsdraht zu beschädigen! Manchmal hilft es auch schon, eine bestimmte Gehäuseschraube extrafest zu ziehen.

Zum Schluß evtl. noch fehlende Teile anbauen und Kohlebürsten wieder aufliegen lassen.

Die folgenden Schritte (6 bis 10) nur dann, wenn die Lager erneuert werden sollen:

6.: Polrad aus dem vorderen Lager rausdrücken. Das Lager wird hierbei beschädigt und sollte nicht mehr für LiMa-Zwecke verwendet werden. Geht mit passendem Abzieher, auch mit Hammer und Aludorn. Die kleine Scheibe vor dem Lager sitzt fester auf der Welle als das Lager selbst. Halteplatte fürs vordere Lager abschrauben und Lager von vorn herausschlagen.

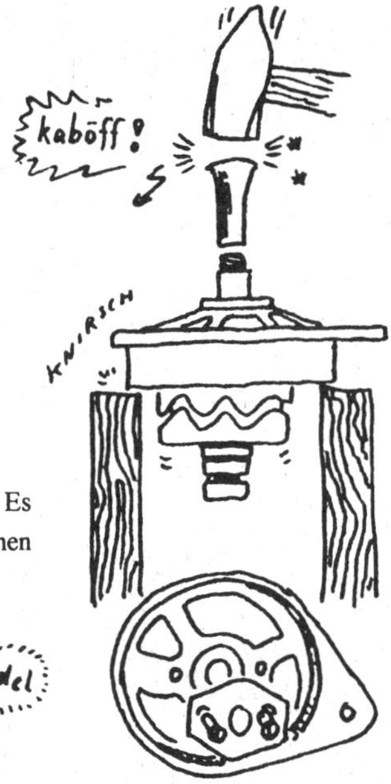


Nie mit dem Hammer direkt aufs Gewindeende schlagen,es wird beschädigt und die Mutter geht nicht mehr drauf.

7.: Hinteres Lager mit Abzieher entfernen. Es wird dabei beschädigt, es sei denn man hat einen Spezialabzieher, der nur den Innenring faßt.

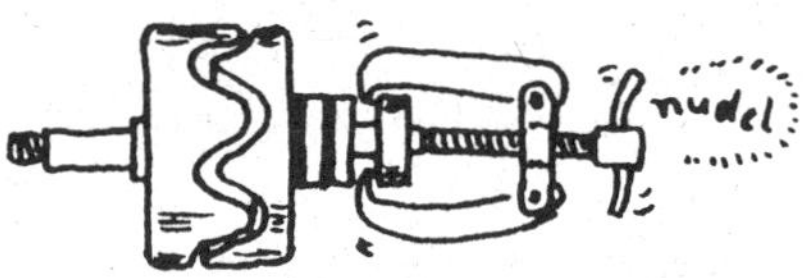


8.: Das neue vordere Lager (wir empfehlen die RS-Ausführung mit Gummidichtungen) ins Gehäuse eindrücken. Das geht leicht; wenn nicht, Gehäuse vorher anwärmen. Halteplatte anschrauben, bloß nicht vergessen!

(s.S. 48)

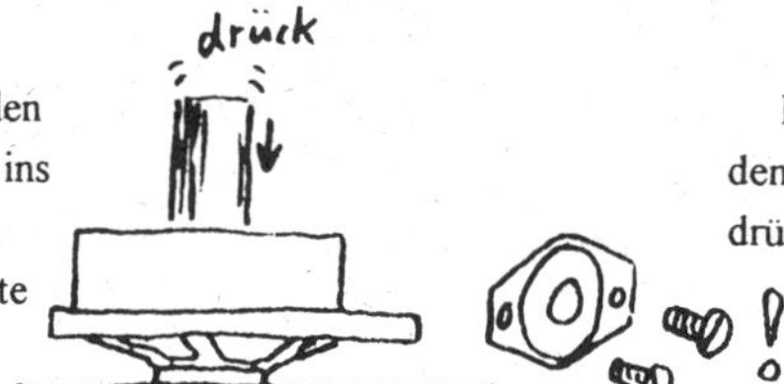


Dabei nie auf den Innenring drücken!

9.: Hinteres Lager mit einem Rohr, welches etwa die Maße des Innenrings hat, auftreiben oder aufpressen.

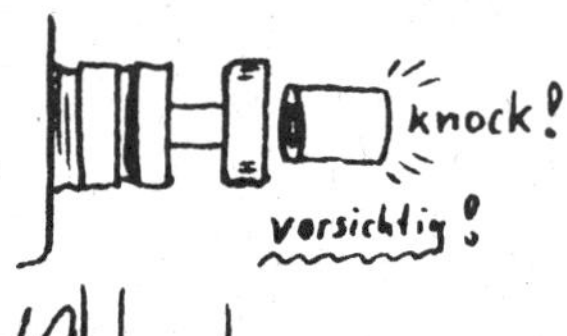


Nie auf den Außenring drücken!

10.:Polrad ins vordere Lager einziehen. Dazu wird mit der Wellenmutter und entsprechenden Unterlegstücken (M-20-Mutter, Scheiben, etc.) die Welle durch das Lager und die kleine festsitzende Scheibe gezogen. Kraftverlauf:

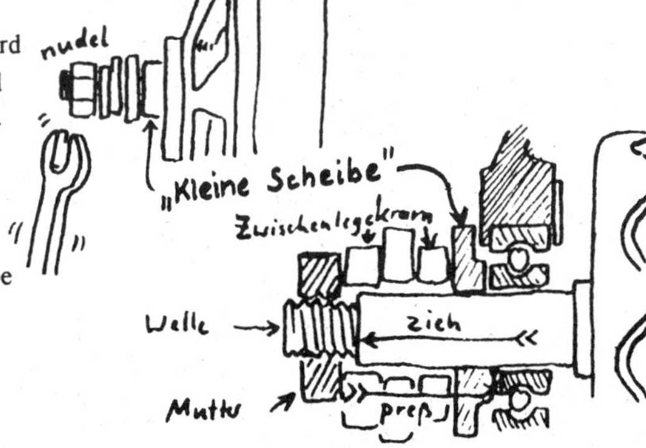


Nie einfach das Polrad ins Gehäuse drücken! Druck darf nur auf die kleine Scheibe wirken!

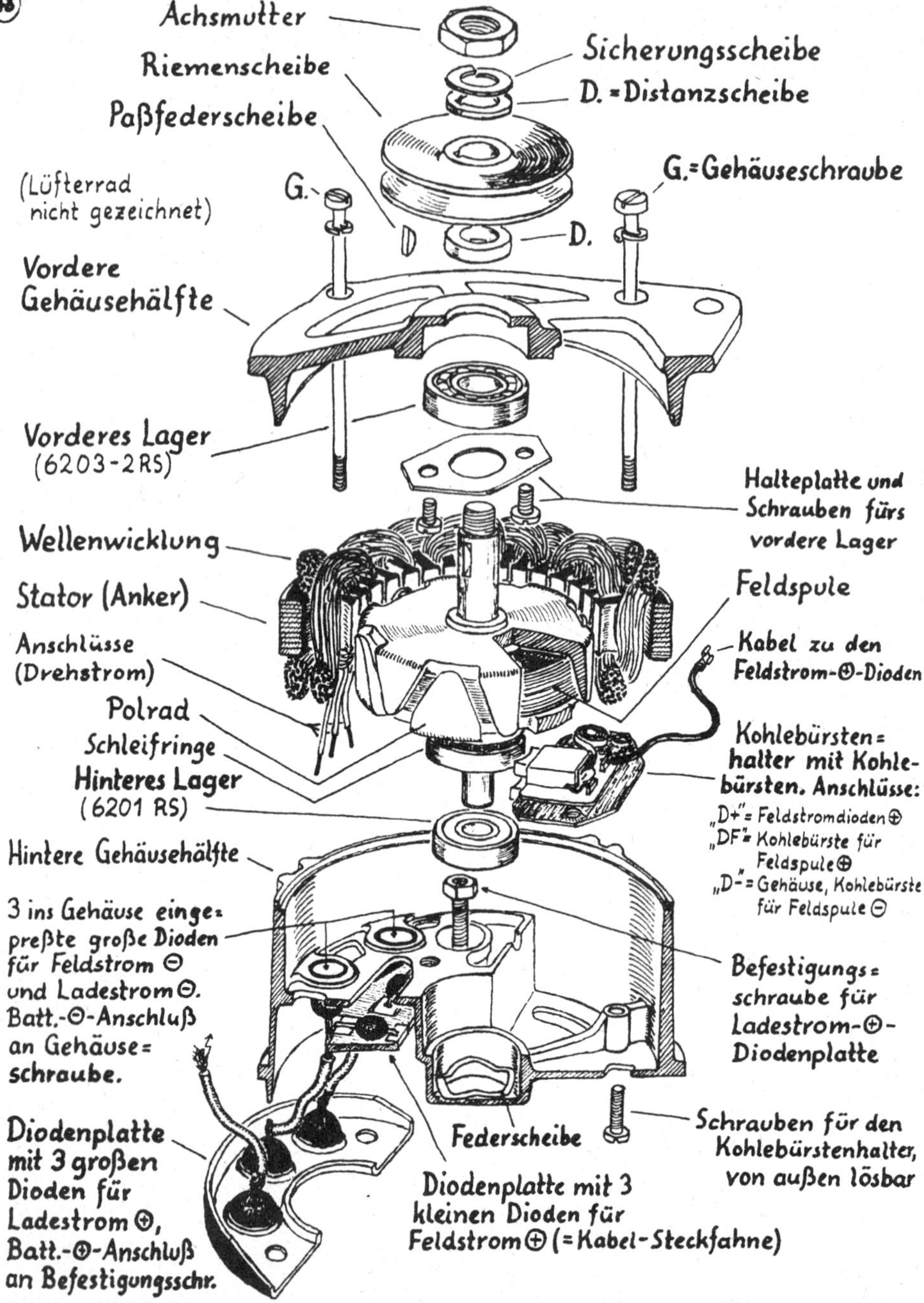


Explosionszeichnung einer Drehstrom-LiMa:
Bosch, ältere Bauart mit innen montiertem Kohlebürstenhalter

# Das Umwickeln der Lima (Drehstrom-Wellenwicklung)

Werksmäßig laden Auto-LiMas erst ab ca. 750-900 U/min, einige erst ab noch höherer Drehzahl.

Zum Direktantrieb muß die LiMa schon bei viel niedrigerer Drehzahl laden (ab ca.300-400 U/min). Sonst bräuchten wir ein Getriebe, das viel Kraft auffrißt, deshalb auch einen viel größeren Repeller; wir hätten viel mehr Bauaufwand und immer noch keinen Strom bei schwachem Wind...

Wir wickeln auf 3-fache Windungszahl um (Ausnahmen s.S.97), für diese häufigen LiMa-Typen bedeutet das:

| | original: | umgewickelt: | paßt für...m Repeller-ø: |
|---|---|---|---|
| **Bosch 14V35A20** | 12 Wi. je Nut | **36 Wi. 0,8 mm ø je Nut** | 1,5-1,6 |
| **Bosch 14V45A20** | 10 Wi. je Nut | **30** (mind. 28!) Wi. 0,9 mm ø je Nut | 1,65-1,8 |

3-fache Windungszahl paßt ideal zur Schaltung S.56, andere Schaltarten bringen andere Eigenschaften mit sich und erfordern evtl. andere Windungszahlen (s.S.95).

Du kannst auch jede beliebige andere Wechsel- oder Drehstrom-LiMa umwickeln, nur mußt Du dafür Windungszahl und Drahtstärke selbst ermitteln (s.S. 97) Bei bestimmten LiMas kommst Du mit Tricks ohne Umwickeln aus, wenn Du viel Wind hast (s.S.96).

## Stator zum Wickeln vorbereiten:

Pule die Wicklung vom Stator, aber Vorsicht! Er hat einen dünnen schwarzgrauen oder grünlichen Plast-Überzug als Isolierung und zum Schutz der Drähte vor den Kanten der Statorbleche. Dieser Isolier-Überzug muß möglichst heil bleiben! Sehr alte LiMas haben oft statt Plast-Nutenisolierung Ölpappstücke, die gehen beim Abwickeln nicht so leicht kaputt.

Die Pappstücke, mit denen die vollgewickelten Nuten werksmäßig verschlossen sind, kann man nur selten rausschieben, meist müssen wir einen Draht der Wicklung durch die Pappe hindurchreißen, um die Nut aufzukriegen. Dabei halte ein Stück Leder als Schutz zwischen Zange und Stator!

Der Tränklack, der die Drähte zusammenklebt, muß ab. Stark verkleisterte Statoren aber nicht (wie die Schrotthändler es früher machten) ins Feuer legen, damit der Lack verbrennt (stink, würg!), denn dabei verbrennt auch die Isolierschicht zwischen den Statorblechen und er ist endgültig Schrott...- das Pulen bleibt uns nicht erspart.

Ist der Stator in Wellenwicklung gewickelt, wickele zum Herstellen der neuen Wickelschablone genau eine Runde ab (s.S.98, Schablone).

Nach dem Abwickeln Tränklackreste vom Stator abfeilen (versperren Platz für den neuen Draht und beschädigen ihn), aber kaputte Stellen der Nutenisolierung ausbessern (Uhu-plus o.ä.) oder z.B. firnisgetränkte Pappe beim Wickeln zwischen Draht und Stator legen.

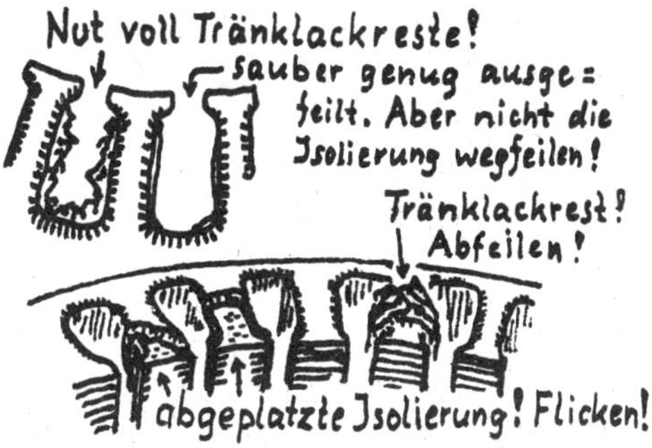

# Stator neu wickeln:

Am besten besorge Dir in einer Ankerwickelei den Draht, mit dem dort Motoren gewickelt werden (2-fach lackiert und wärmebeständig, gekennzeichnet z.B. "Cu2L thermko"). Einfacher Kupferlackdraht zum Trafowickeln hat viel zu empfindlichen Lack, der beim LiMa-Wickeln viele schadhafte Stellen kriegt. Folge: Massenhaft Kurzschlüsse!

Wickele so viele Runden Draht nicht zu stramm um die Schablone, wie Drähte durch eine Nut gehen müssen, sichere ihn mit ein paar Drahtresten oder Klebstreifen, nimm ihn von der Schablone und lege diesen ersten Drahtstrang in den Stator. Er ergibt die Wicklung für die erste Phase. Wie die gesamte Wicklung aussehen muß, kannst Du auch von einem werksmäßigen Bosch-Stator abgucken.

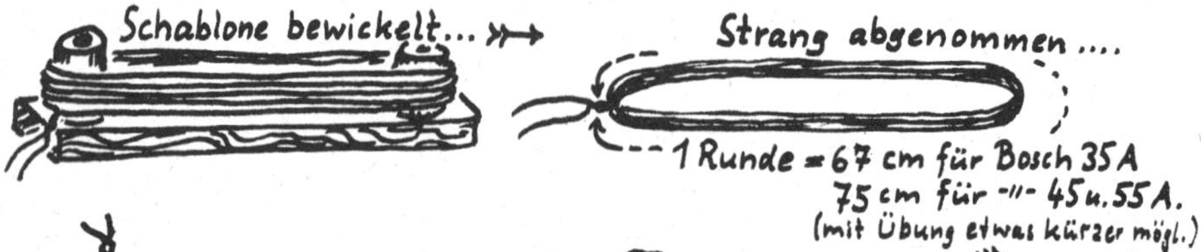


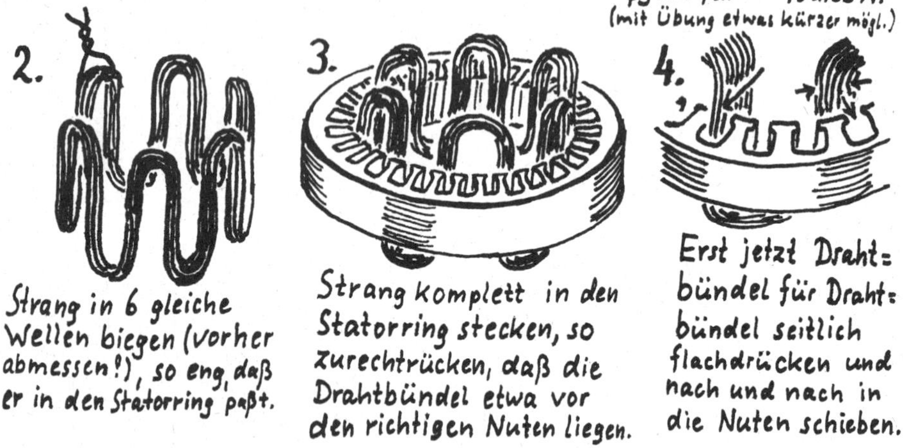


Biege den Draht nicht zu scharf um die Ecken und paß auf, daß er nicht an den Kanten der Statorpole kratzt. Wenn der Draht mal schwer reingeht, nie mit Metallwerkzeugen nachhelfen, sondern vorsichtig mit einem "Stopfholz" (Holz ist weicher als der Lack). (s. S. 102)

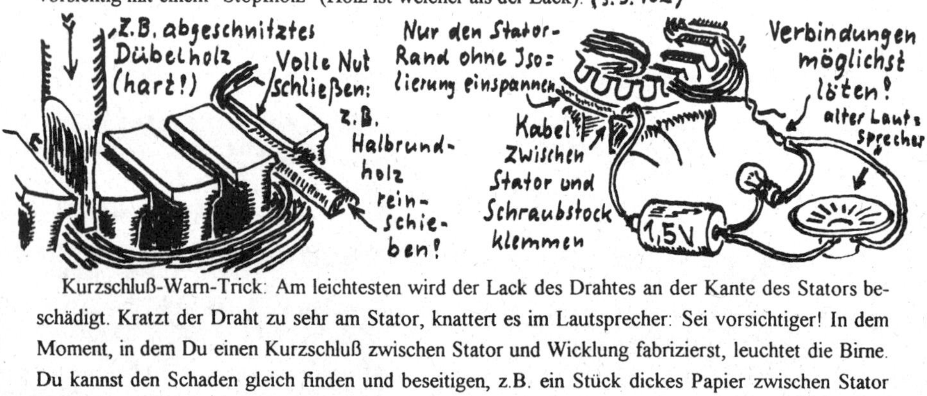


Kurzschluß-Warn-Trick: Am leichtesten wird der Lack des Drahtes an der Kante des Stators beschädigt. Kratzt der Draht zu sehr am Stator, knattert es im Lautsprecher: Sei vorsichtiger! In dem Moment, in dem Du einen Kurzschluß zwischen Stator und Wicklung fabrizierst, leuchtet die Birne. Du kannst den Schaden gleich finden und beseitigen, z.B. ein Stück dickes Papier zwischen Stator und Draht schieben.

1. Strang fast eingelegt, 2. Strang gebogen, 3. auf der Schablone.

Hast Du den Strang fast fertig eingelegt, und bei der letzten "Welle" ist der Draht so knapp, daß Du ihn kaum reinkriegst? Ungleichmäßig gebogene Wellen (Zeichnung Schritt 1) nachträglich im Stator so zurechtschieben, daß für die letzte Welle genug Draht da ist. Hilft nichts? Au weia! Schablone falsch abgemessen! Für 1-2 cm längeren Draht pro Runde umbauen, Strang nochmal wickeln...

Beim ersten Strang daran denken, daß der zweite und dritte auch noch rein muß: Drücke mit dem "Drückholz" die sog. "Wickelköpfe" runter, daß sie die die anderen Nuten nicht versperren, bevor Du den nächsten Strang einlegst. Sobald alle Drähte in der Nut sind, verschließe sie z.B. mit einem Stück Holz.

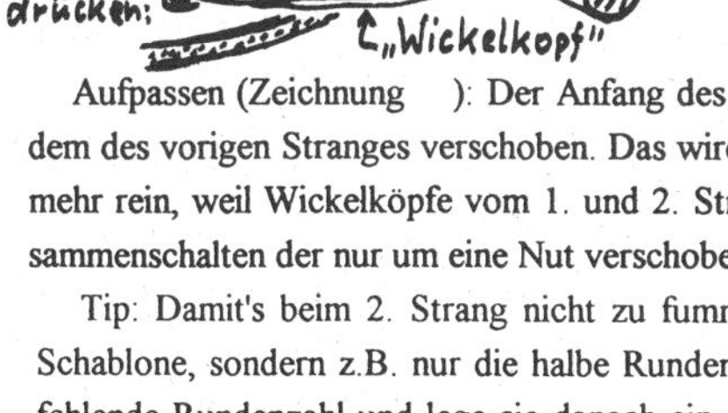


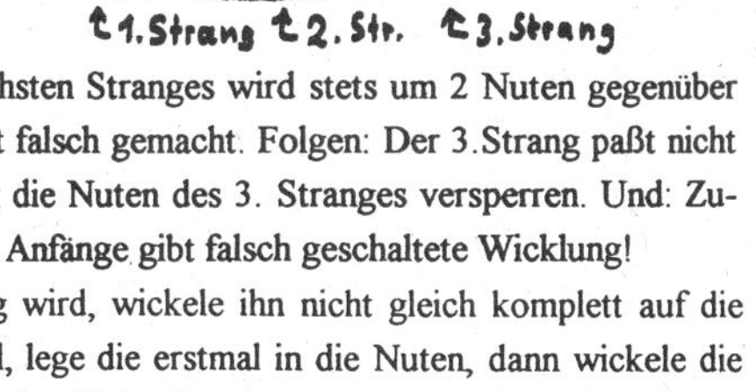


Aufpassen (Zeichnung ): Der Anfang des nächsten Stranges wird stets um 2 Nuten gegenüber dem des vorigen Stranges verschoben. Das wird oft falsch gemacht. Folgen: Der 3. Strang paßt nicht mehr rein, weil Wickelköpfe vom 1. und 2. Strang die Nuten des 3. Stranges versperren. Und: Zusammenschalten der nur um eine Nut verschobenen Anfänge gibt falsch geschaltete Wicklung!

Tip: Damit's beim 2. Strang nicht zu fummelig wird, wickele ihn nicht gleich komplett auf die Schablone, sondern z.B. nur die halbe Rundenzahl, lege die erstmal in die Nuten, dann wickele die fehlende Rundenzahl und lege sie danach ein. 2 x eine kleine Portion Drähte einzulegen ist leichter als alle Drähte des Stranges auf einmal. Du kannst nach der 1. Portion gut nachstopfen. Beim 3. Strang hilft diese Erleichterung noch mehr! Damit das Zusammenschalten klappt, vorm Einlegen Anfänge und Enden kennzeichnen, z.B. A2/1 = Anfang 2. Strang, 1. Portion.

# Prüfen und Zusammenschalten der Wicklungen:

Prüfen und Zusammenschalten: Zuerst bei geteilten Strängen das Ende der ersten Portion mit dem Anfang der 2.Portion verbinden, nicht etwa mit dem Anfang der 1.Portion (Kurzschluß) oder gar mit dem Draht eines anderen Stranges! Verlöten, Isolierschlauch drauf, nirgendwo sonst anschließen!

Jetzt hat der Stator 3 Anfänge und 3 Enden, von jedem Strang (= von jeder Phase) ein Anfang und ein Ende, und kann geprüft werden:

Prüfen auf "Strangschluß" (mit Batterie und Glühbirne / Lautsprecher s.S. 50 ): Strom darf nur zwischen Anfang und Ende desselben Stranges fließen. Schließt Du 2 Drähte an, die nicht Anfang und Ende desselben Stranges sind und die Birne brennt trotzdem, gibt es eine verbotene Verbindung zwischen den Strängen! Beim Betrieb würde immer Strom von einem Strang in den anderen fließen statt in die Batterie. Riesenverluste, LiMa wird heiß!

Fehlerquelle: Wicklungen an ihren Kreuzungspunkten zu sehr geknautscht, evtl. war der Lack schon beschädigt. Reparatur: Batterie / Birne / Lautsprecher angeschlossen lassen, Wickelköpfe der betreffenden Stränge etwas auseinanderbiegen. Knistern im Lautsprecher? Hier muß es sein! Plastik oder dickes Papier dazwischen schieben, bis Birne erlischt.

Prüfen auf "Masseschluß": Von keinem Strang darf Strom in den Stator fließen. Das hast Du beim Wickeln mit dem "Warn-Trick" überwacht (s.S. 50 ). Ist jetzt trotzdem ein Schluß da? Fehler suchen. Ursachen: Nutenisolierung nicht richtig ausgebessert, Draht zu scharf um die Kante gebogen oder (besonders bei Papp-Isolierungen) neben der Isolierung aufs blanke Eisen gewickelt. Reparatur: Verdächtige Stellen suchen, an der Wicklung vorsichtig biegen und drücken. Knistern oder Flackern der Birne? Hier muß es sein... Isolierung dazwischen schieben, bis Birne erlischt.

Nach dieser Kontrolle die Stränge richtig zusammenschalten: Bei der Wellenwicklung alle 3 Anfänge oder alle 3 Enden verlöten, sie ergeben den Sternpunkt der Wicklung. Kabel (Litze!) dranlöten, das aus der LiMa rausgeführt wird, Lötstelle isolieren. Die 3 übrigen Anschlüsse (z.B. die 3 Anfänge) sind die Phasenanschlüsse und werden später mit den Diodenanschlüssen in der LiMa, wo die werksmäßige Wicklung angeschlossen war, verbunden, Reihenfolge egal. Willst Du ganz sicher gehen, prüfe jetzte auf Windungsschluß, sonst ist der Stator fertig zum Abbinden.

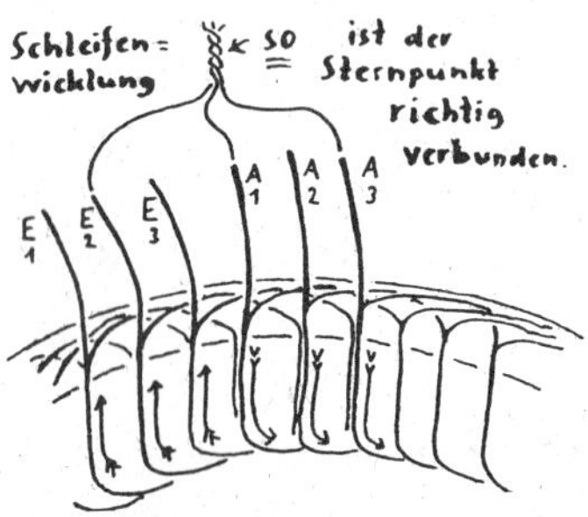

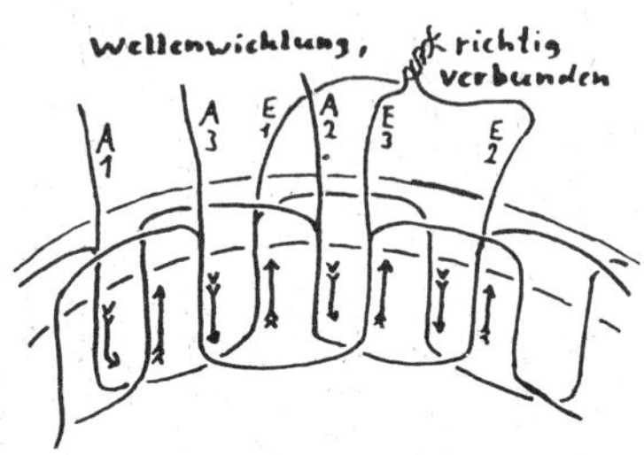


Prüfung auf Windungsschluß: Sind (durch Lackschäden und ruppiges Wickeln) einzelne Windungen eines Stranges (bei Wellenwicklung eine Runde) kurzgeschlossen, gibt dieser Strang etwas weniger Spannung am Anschluß ab und wird beim Betrieb heiß. (Starker Kurzschlußstrom in den betroffenen Windungen, Verluste!) Prüfmöglichkeiten: Probelauf in der LiMa oder "Prüfgerät" bauen.

Probelauf: Stator provisorisch in LiMa einbauen (S.46), aber nirgends anschließen, sondern Sternpunktanschluß und die 3 Phasenanschlüsse rausführen. Feldspule mit schwachem Gleichstrom versorgen (Autobatterie und Glühbirne ca. 4 - 15 Watt als Vorwiderstand), LiMa mit gleichmäßiger Drehzahl antreiben, z.B. mit Bohrmaschine. Brummen in der LiMa verrät bösen Windungsschluß.

Genauer: Mit Wechselspannungsmeßgerät Spannung messen, die zwischen Sternpunkt und Phasenanschluß liegt. Sie muß bei allen 3 Strängen gleich sein. Sonst: Mit Prüfgerät weiter prüfen!

Prüfgerät: Für Wechselstrom bringt die Windungszahl den wesentlichen Widerstand, die Drahtlänge macht dagegen wenig aus. Darum vergleichen wir den Wechselstromwiderstand zweier Wicklungsstränge mit dem eines parallel geschalteten Widerstandsdrahtes. Ist er in beiden Strängen gleich, fließt genau dann kein Strom durch den Lautsprecher, wenn er in der Mitte des Widerstandsdrahtes angeschlossen ist: Fehlerfrei!

Jeden Strang mit jedem vergleichen (also 1 und 2, 1 und 3, 2 und 3). Sind zwei Stränge ungleich, verschiebt sich das Minimum des Brummtons: Bei fehlenden Runden (= beim Wickeln verzählt) gibt es zwar einen deutlichen "Fast-Stille"-Punkt, aber nicht in der Mitte des Widerstandsdrahtes. Ist der Widerstandsdraht 2x so viele cm lang wie Runden pro Strang sein sollen, bedeutet z.B. ca. 1cm Verschiebung nach links 1 Runde zu wenig beim links angeschlossenen Strang (oder 1 zu viel beim rechten): Provisorisch 1 Runde dazuwickeln, nochmal prüfen.

Bei Windungsschluß gibt es nur ein "lauter-leiser", natürlich nicht in der Mitte. Ein Stator mit einer kurzgeschlossenen Runde kann zur Not noch benutzt werden (schlechtere Leistung, Verluste). Bei größeren Windungsschlüssen brennt die Wicklung im Betrieb bald durch, also lieber gleich neu wickeln. Mit viel Glück kannst Du den Windungsschluß finden: Ganz schwache Wechselspannung (ca. 1-2 Volt) durch den defekten Strang schicken, Glühbirne / Lautsprecher anschließen, an Wicklung drücken und biegen, vielleicht an der Änderung des Brummens und Flackern der Birne die Stelle bemerken.

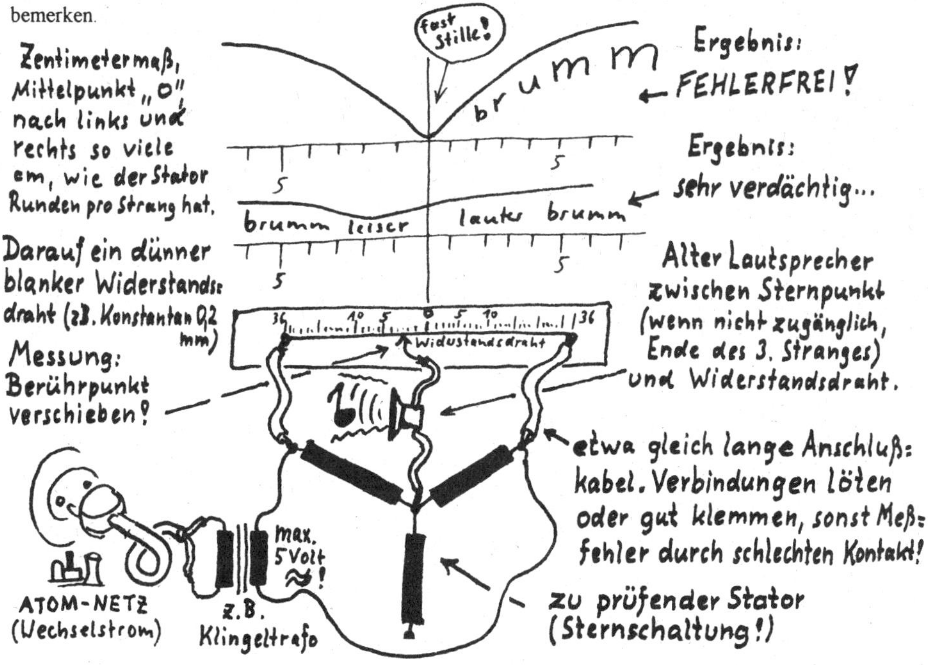


Hinweis auf Meßfehler: Ist das Prüfgerät "unsymmetrisch" (ungleicher Widerstandsdraht, Wackelkontakte), täuscht es Windungsschlüssse vor!

Bei mit ungleich langen Drähten gewickelten Strängen kann der Drahtwiderstand die Messung um 1-2 cm verfälschen, obwohl keine Runde fehlt. Allerdings ist ein ziemlich sicheres Zeichen für Windungsschluß, wenn es keinen "Fast-Stille"-Punkt gibt.

Brettchen mit Widerstandsdraht ↑ ↑oben: Atom-Trafo ↑ Lautsprecher WINDUNGSSCHLUSS-PRÜFGERÄT! ↑ zu prüfender Stator

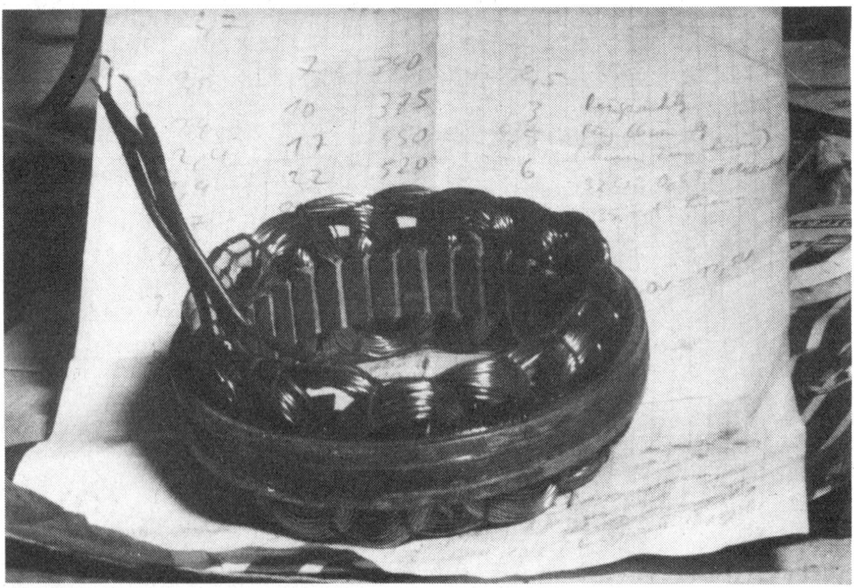

Wellenwicklung auf dem Stator fertig und abgebunden.

# Wicklung abbinden:

Zuerst drücke die Wickelköpfe so zurecht, daß sie später weder ans Gehäuse stoßen, noch am Polrad schleifen können.

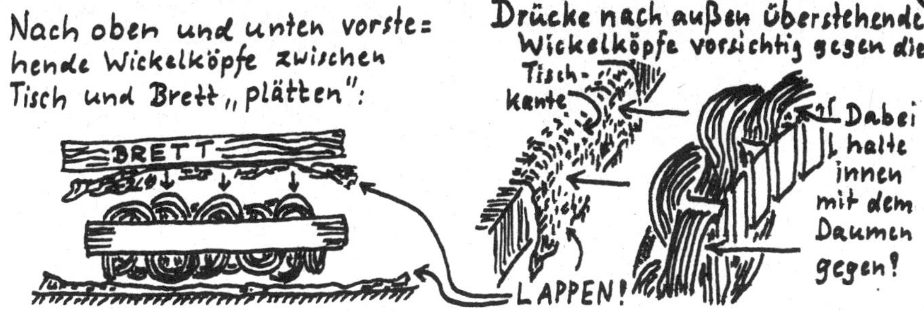


Dann nimm dicksten Zwirn (Sternchenzwirn 4-fach) oder ganz dünnen Binfaden, tränke das Fadenende mit flüssigem Wachs, (damit Du möglichst ohne Nadel auskommst), ziehe den Faden zwischen Stator und Wicklung durch und binde mit Stichen wie beim Knopflochnähen zusammen. Jeden "Stich" gut strammziehen und festhalten. Faden will nicht durch? Vorher mit angespitztem Holz (Schaschlikspieß) Platz schaffen, zerfranstes Stück des Fadenendes abschneiden. Anschlußdrähte mit Isolierschlauch überziehen und in 2-3 Stiche mit einbinden.

Nach dem Abbinden Stator nochmal prüfen, evtl. ist beim Zusammenziehen der Drähte ein "Fast-Kurzschluß" zum Kurzschluß geworden.

# Fertige Wicklung schützen mit Tränklack:

Geprüfte Wicklung tränken, sonst vibrieren die Drähte im Magnetfeld und scheuern aneinander, die Isolierung ist dann bald hin und der Windungsschluß vorprogrammiert. Schellack ist nicht wasserfest, Polyesterharz wird rissig und spröde.

Gut: Die Wicklung eine Stunde in gammelige Lackfarbe (vom Müll) legen oder mehrmals nacheinander dick triefend einpinseln, so daß die Farbe in alle Zwischenräume zwischen den Drähten und in den Nuten eindringt. Vorher an Drahtrest prüfen, ob das Lösungsmittel der Farbe nicht etwa den Isolierlack angreift! Mit alten Alkydharzlacken habe ich nie Probleme erlebt. Sehr lange trocknen lassen!

Am besten gib den Stator zum Tränken in die Ankerwickelei, wo Du den Draht gekriegt hast. Das Tränkharz da ist garantiert gut, und die Leute freuen sich sicher zu sehen, was Du mit ihrem Draht gemacht hast.

Am getränkten, getrockneten Stator evtl. zu dicke Lackschichten von den Statorpolen kratzen (sie schleifen sonst am Polrand), aber Vorsicht: Wicklung nicht ankratzen!

# Stator anschließen und einbauen:

Phasenanschlüsse dort anlöten, wo die werksmäßige Wicklung angeschlossen war. Gleichzeitig je 1 Kabel (Litze!) anlöten, das zum Anschließen der Zusatzschaltung aus der LiMa rausführt, ebenso wie der Sternpunkt-Anschluß.

LiMa zusammenbauen (s.S. 46 ), dabei Stator- und Polrad-Pole gegen Verrosten fetten oder firnissen. Außen an der LiMa eine Lüsterklemme für die 4 rausgeführten Anschlüsse anbauen und den Sternpunktanschluß kennzeichnen.... - fertig ist die umgewickelte LiMa, und damit das schwierigste Kapitel vom Windradbau geschafft.

# Die elektrische Schaltung des Windrades:

Für die LiMa am Windrad brauchen wir unbedingt:

- eine Schaltung, die das Polrad magnetisiert, sobald die LiMa schnell genug zum Laden läuft, aber bei schwachem Wind keinen Strom aus der Batterie dafür verbraucht. (S. 7 , 8 , 89).

Nützlich sind:

- eine Schutzschaltung gegen zu tiefes Entladen der Batterien. Diese ist für viel Geld käuflich, man kann sie aber auch recht einfach selber bauen (S. 70).
- eine Schutzschaltung, die überschüssigen Ladestrom verbrät, sobald die Batterien ganz voll sind (Selbstbau S. 69).
- falls die Schaltungen an der Lima empfindliche Teile haben, eine Schutzschaltung dafür (S. 91)

Sehr schlecht, bei Sturm sogar gefährlich:

- der Regler vom Auto. Zwar schützt er LiMa und Batterie vor Überspannung, wenn die Batterie voll ist, aber indem er die Feldspule abschaltet. Dann bremst die LiMa nicht mehr den Repeller. Der würde bei Sturm, wenn die Batterie sowieso schnell voll ist, fürchterlich losrasen!

Keinesfalls verwendbar, äußerst gefährlich:

- Fast alle Überladeschutz-Schaltungen für Solaranlagen. Die unterbrechen bei voller Batterie die Leitung vom Windrad zur Batterie, LiMa läuft dann ohne Batterie, brennt durch, dann läuft der Repeller ungebremst. Folge: evtl. Totalschaden!

**Achtung! Neuere Bosch-LiMas haben am Kohlebürstenhalter angenietete Regler (schwarzer Kasten). Abbauen! Kabel direkt an die Kohlebürstenanschlüsse löten!!**

# DIE BESTE SCHALTUNG: (prüfen: s. S. 89)

Diese Schaltung bringt uns drei Verbesserungen zugleich: Die LiMa wird selbsterregend durch "Schottky-Dioden" (s.S. 8 ), kriegt außerdem einen viel höheren Wirkungsgrad und zusätzlich wird sie regelbar (s.S. 15 )!

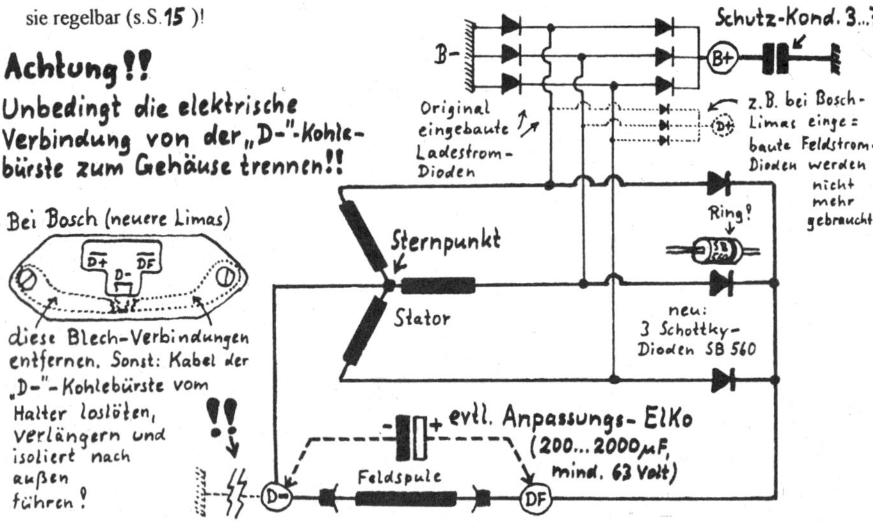


Verwendest du Schottky-Dioden SB 5-60 oder gleich belastbare, reicht der Schutz-Kondensator 3-7µF gegen dioden-zerstörende Spannungsstöße. Es muß ein Block- oder Metallpapier-Kondensator sein, oft werksmäßig an der LiMa dran. Kein ElKo! Weniger belastbare Schottky-Dioden schütze möglichst durch die Schaltung S. 91 . Ohne Schottky-Dioden geht es auch: S. 87, 89 .

Die LiMA regeln, d.h. an Wind und Repeller-Größe anpassen, kannst Du mit verschieden großen ElKos parallel zur Feldspule (s.S. 16 , 23 ).

# Aufbau und Mechanik des Windrades

Lichtmaschine und Repeller sind noch längst kein komplettes Windrad. Das Ganze muß auf einem Mast sitzen. Auf dem "Azimutlager" (Mast-Dreh-Lager) soll sich das Windrad in die Windrichtung drehen und braucht dafür eine Steuerfahne. Obwohl es drehbar gelagert ist, muß der Strom sicher nach unten geleitet werden, und auch die Bremse muß von unten zu betätigen sein. Damit empfindliche Teile oben nicht vergammeln, ist ein Gehäuse wichtig. Und: Wir wollen ein sicheres Windrad, deshalb bauen wir eine automatische Sturmsicherung.

Es gibt etliche Möglichkeiten, all diese Details zu bauen und geschickt zum kompletten Windrad zu verbinden. Mit einfachen Werkzeugen können wir vieles aus Holz und Schrott (z.B: Wasserrohrreste) zusammenschrauben. An einem soliden Holzrahmen als Grundgerüst können wir auch gut Details umbauen, verbessern und ergänzen. Wenn ich eine garantiert einwandfreie Konstruktion kenne, schweiße ich die inzwischen gerne aus Schrott zusammen, denn ich kann ja mit Windkraftstrom schweißen. Mit einiger Übung geht das fix, allerdings ist späteres Umbauen dann schwierig.

Und nun die Details:

## Das Mast-Dreh-Lager („Azimutlager"):

Ein etwas schwergängiges Gleitlager ist viel besser als ein Kugellager. Wir probierten es mal mit einem Auto-Radlager und waren enttäuscht von den miserablen Folgen: Das Windrad pendelte dauernd hin und her, geriet oft aus dem Wind, manche Böen drehten es sogar im Kreis herum und das Kabel zwirbelte sich auf. Der Wind wurde viel schlechter genutzt. Die beim Steuern entstehenden Kreiselkräfte führten zu unruhigem Lauf mit Erschütterungen und hätten bald viele Teile verschlissen...

Mit Gleitlager richtet es sich nur bei einer deutlichen Windrichtungsänderung neu aus und schnurrt sonst fröhlich vor sich hin. Zum Bau des Lagers haben sich zwei ineinandergesteckte Wasserrohre immer wieder bestens bewährt. 1"-Rohr paßt prima in 1 1/4"-Rohr, für kleinere Repeller reicht 3/4"-Rohr in 1"-Rohr gerade eben.

Wenn es länger als 90 (bzw. 60) cm ohne Abstützung nach unten führt, ist 1 1/4"- (bzw. 1")-Rohr zu dünn. Sturm könnte es umknicken! Befestigung in einem dickeren Rohr ohne eingebaute Bruchstelle:

Ans Trägerrohr muß ein Lagerring (Abschnitt vom Mastrohr), sonst reibt Rohr auf Holz! Befestigung am Rahmen vermeidet schwächende Löcher im Trägerrohr.

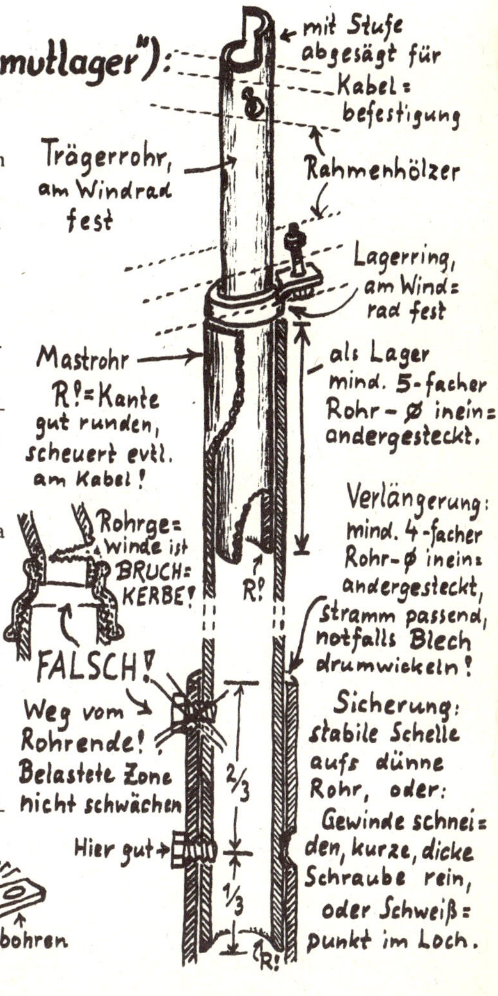

# Der Rahmen

Wir sind geübt, im rechten Winkel zu bauen, aber dabei entstehen viereckige Konstruktionen, die nicht von sich aus stabil sind, sondern erst versteift werden müssen. Für Dreiecke müssen wir zwar "schief" sägen, bohren, biegen usw., aber sie sind von selbst steif und stabil. Ein Beispiel hierfür:

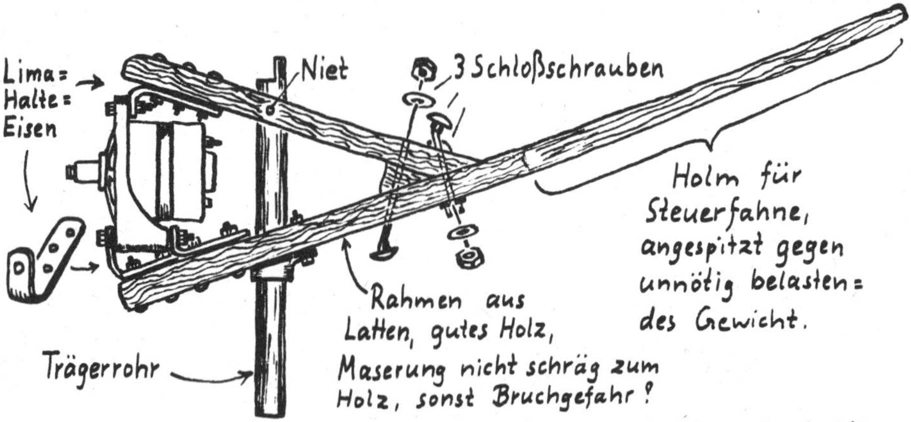


Die Latten müssen breit genug sein, damit das Loch fürs Azimutlager sie nicht zu sehr schwächt. Für kleine Windräder (max. 1,5 m ⌀) reichen 3/4"-Rohr (26 mm ⌀) und 6 cm Lattenbreite (bei Dachlatten: 6 x 4 cm), für größere 1"-Rohr und mind. 7cm Lattenbreite (nächste Bauholzgröße 8 x 6 cm, klobig). Hartholz darf dünner sein (z.B. 6 x 2,5 statt 6 x 4 cm), aber möglichst nicht schmaler. Zu schwache Latten im Bereich des Rohres von außen verstärken:

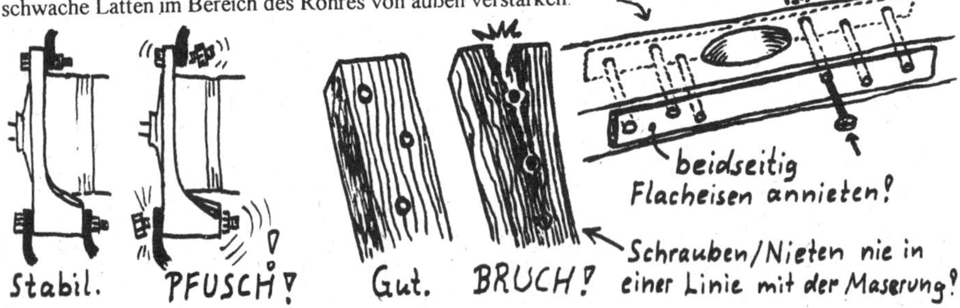


Bei Verbindungen am Holz (Latten miteinander, LiMa-Befestigung) Schrauben stets durch verschiedene Stellen der Maserung führen, spaltet sonst! LiMa immer an 3 Punkten festmachen, nicht nur an 2, sie wackelt sich sonst los!

Aufpassen: Sie sitzt, von oben gesehen, schräg (Sturmsicherung, s.Zeichnung "Maßverhältnisse"). Befestigung z.B. mit 3 Flacheisenstücken 4 x 25, passend biegen, mit je 2 Schrauben M6 am Rahmen festmachen.

Verbindung der Latten: Schloßschrauben (M6 mit schräg gebogenem Kopf) entgegengesetzt schräg ist extra stabil, Restabschnitt der zugesägten Latte als Eckklotz verstärkt zusätzlich.

Trägerrohr: Soll stramm in den Löchern sitzen! Erst Latten verbinden, dann passend schief bohren (Lochsäge oder Brustleier). Rohr reinstecken, nur bei der oberen Latte Loch 4 mm quer durch, 100-er Nagel durch, absägen, U-Scheibe drauf, vernieten. Niet durch untere Latte nicht nötig, sondern schädlich: schwächt das Rohr in belasteter Zone!

Bei 3/4"-Rohr wird's eng für Kabel und normalen Gartenschlauch als Zugseilhülle, wenn ein Niet quer durchgeht. Hier einen Eisenwinkel an die obere Latte schrauben und mit der Kabelbefestigungsschraube verbinden.

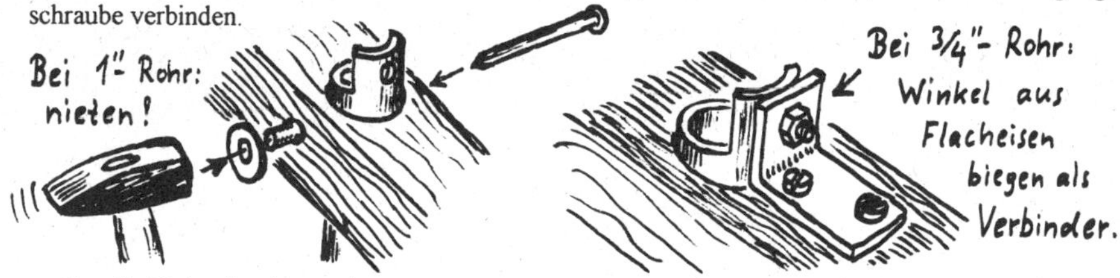


Für die Holzteile nimmt man am besten wasserfestes, zähes Holz wie Esche oder Eiche. Lärchenholz ist auch prima. Als Holzschutz streiche mit Leinölfirnis oder auch gammeligem Speiseöl jährlich satt ein, nach dem Bauen natürlich mehrmals. Chemiegiftkram brauchst Du nicht. Bedenke beim Bau: Wo könnte Wasser stehen oder sich in Ecken ansammeln? Vermeide Gammelecken und schräge die Kanten ab.

Am Rahmen mache richtige Holzverbindungen oder verschraube gut. Wo unverzinktes Eisen auf Holz liegt, fette das Eisen reichlich, am besten lege Teerpappe dazwichen. Die Gerbsäure vom Holz greift sonst das Eisen an und die entstehenden Salze lassen Metall und Holz gammeln.

Leinölfirnis ist auch ein hervorragender Rostschutz für Eisen, mit Pigment vermischt sogar UV-fest. Rostige Eisenteile mit Drahtbürste abbürsten, aufs staubige Eisen pinseln. Der Roststaub ist dann das Pigment in der Firnis!

# Die Handbremse

Als einfache, solide Bremse ziehe ein Flacheisen gegen die große Blechscheibe auf der LiMa-Achse. Läßt Du los, schnappt das Eisen durch eigene Federkraft zurück. Der Bügel oben am Rahmen bewirkt, daß es nicht gegen den Repeller schnappen kann.

In der einfachsten Ausführung läuft das Zugseil von unten durch den Mast in einem Gartenschlauch (keine Bowdenzughülle, kann festrosten!), dann über eine Seilrolle direkt ans Eisen. Tip: Rollen von Bürostühlen werden prima kugelgelagerte Seilrollen, wenn man den Reifen abpult.

Bei großen Repellern und starkem Wind mußt Du für die nötige Bremskraft ziemlich kräftig ziehen. Da ist die Edel-Version besser:

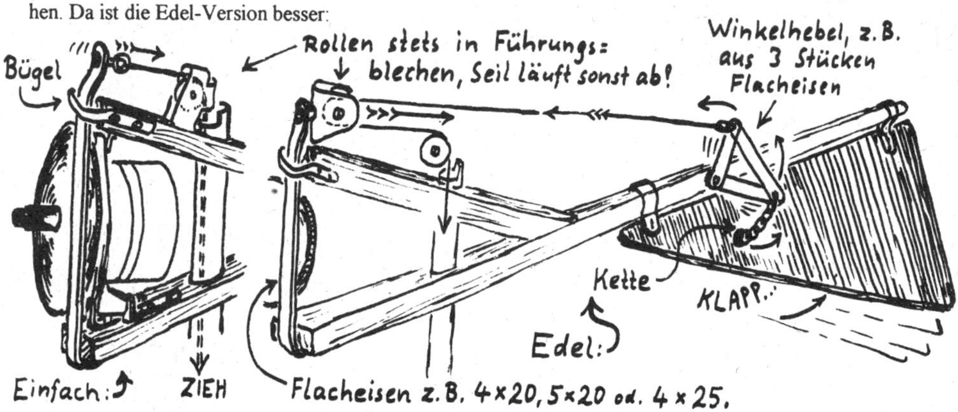


Das Seil läuft über eine Rolle am Eisen zum Winkelhebel, der die Steuerfahne wegklappt: Bremsen und Aus-dem-Wind-drehen zugleich! Außerdem wird die Bremskraft durch den Flaschenzug-Effekt der Rolle am Eisen verdoppelt.

Befestigung der LiMa mit Eisenwinkeln im Dreiecksrahmen

Bremse: Flacheisen drückt gegen die große Blech-Scheibe

# Die einfache „Eklipsen"-Sturmsicherung:

Die Teile sollten folgende Maßverhältnisse zueinander haben: (von oben gesehen. In Klammern: Maße für 1,7m Repeller-Ø.)

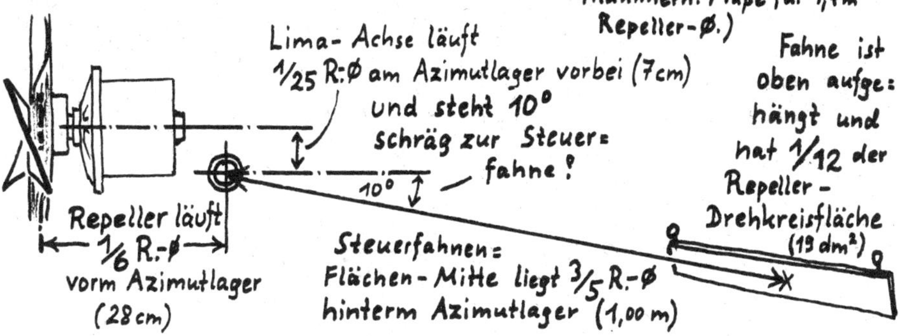


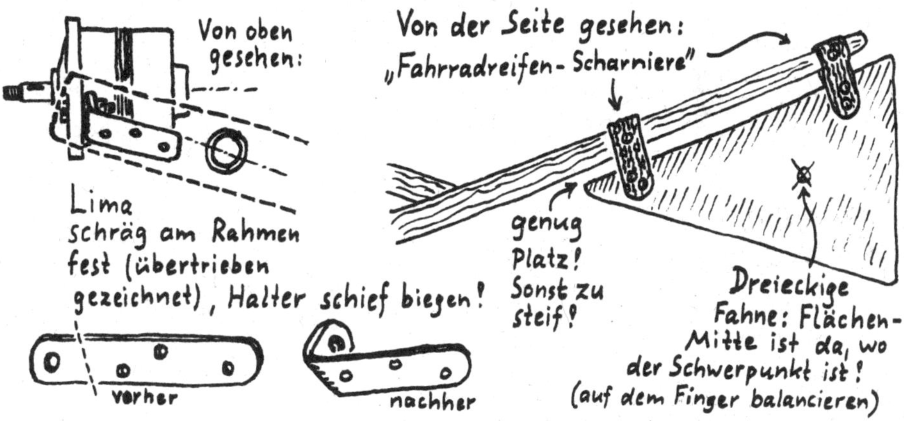


Die Steuerfahne hängt am nach hinten verlängerten Holm des Rahmens, aber statt an Scharnieren an Fahrradreifen-Gummistücken: Quietscht nicht, wackelt nicht, rostet nicht fest, dämpft unnötige Bewegungen. Ihr Eigengewicht und die Steifigkeit der Gummistreifen halten sie in Betriebsstellung.

Ist die Fahne zu leicht, baue zusätzliche Gummistreifen an, z.B. bei 4-mm-Betonbausperrholz. Schwenkt das Windrad trotzdem noch bei zu schwachem Wind zur Seite, schraube ein Gewicht unten an die Fahne, z.B: ein Flacheisen.

Nachteil: - Reagiert nicht auf Überdrehzahl, versagt also z.B. bei Kurzschluß in der LiMa.

Wir wollten es mal genau wissen und bauten einen Repeller aus ganz miesem, astigem Holz, 1,8 m Ø, ließen ihn bei 17m/sek. Sturm rasen und prüften ihn an einem dicken Kraftstrommotor mit 3000 U/min; er ging nicht kaputt. Erst beim Biegetest unter 8 Klinkersteinen brach er.

## Die Windfahne:

Blecherne Windfahnen verstärken jedes Geräusch wie ein Resonanzboden. Sperrholz dagegen ist leise. Wasserfest geleimtes gibt's im Abfall von Baustellen bei Betonverschalungen. Nimmst Du Hartfaserplatte oder Sperrholz von Sperrmüll-Möbeln, mußt Du die Fahnen ab und zu ersetzen.

Ohne Tropenholz und Giftleim und obendrein wild-romantisch sind Fahnen, wenn Du sie aus Abfall-Obstkistenbrettern zusammennagelst.

# ㉒ Die Stromleitung vom Windrad nach unten:

Als Minus-Leitung können die ineinander reibenden Wasserrohre dienen. Wenigstens für die Plus-Leitung, besser aber für beide Pole, nimm ein Kabel. Ohne Schleifkontakt geht es, wenn das Kabel unten aus dem Mastrohr heraushängt, damit es sich aufdrehen kann, sobald sich das Windrad ums Trägerrohr dreht. In diesem Fall verwende sehr biegsame und dick isolierte Kabel (feine Litze), z.B. Haushaltsgerätekabel mit 3 Adern parallelgeschaltet für einen Pol. Bringe an gefährdeten Stellen (Ein-und Austritt ins Trägerrohr) Schlauchreste o.ä. zum Schutz an. Da sich das Bremsseil ums Kabel wickeln wird, muß das Seil in einer Hülle laufen, sonst kann man nicht mehr daran ziehen, wenn Kabel und Seil umeinander gewickelt sind. Als Zughülle verwende z.B. dünnen Gartenschlauch, keine Bowdenzughülle, denn darin rostet das Seil zu leicht fest.

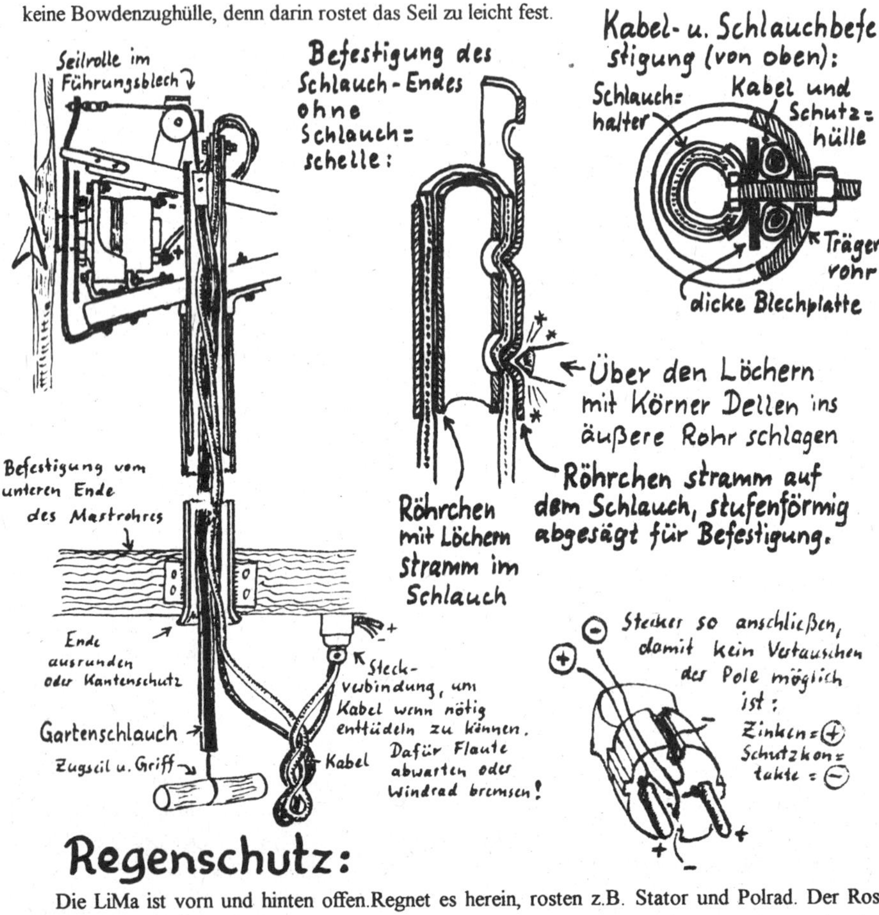


# Regenschutz:

Die LiMa ist vorn und hinten offen.Regnet es herein, rosten z.B. Stator und Polrad. Der Rost kann die Isolierung der Wicklung zerstören! Die Zusatzschaltungen sollen auch geschützt sein, aber etwas Kühl-Luft muß rankommen.

Von vorn schützt die große Blechscheibe der Bremse. Noch raffinierter ist's, wenn ihr Rand nach hinten gebördelt ist. Von oben, seitlich und hinten kommt Kühl-Luft herein, aber kein Regen.

Damit die elektrischen Kontakte, vor allem Lüsterklemmen und Steckfahnen, aber auch andere Teile nicht durch Luftfechtigkeit gammeln, pinsele ich alles mit Leinölfirnis ein.

Edel-Bremse (Gesamtbild S.3): Der Winkelhebel, aus Rohr, Flacheisen, Kette. Die Achse sitzt schräg, damit er die Steuerfahne auch hochziehen kann!

Kabel-/Schlauchbefestigung, daneben Seilrolle im Führungsblech.

Idealer Standort - Windrad auf dem Dach (gebaut 1981, das erste Direktantrieb-Windrad). Davor ein Eigenbau-Windmesser.

Ein hoher Mast aus 3 dünnen Baumstämmen, stabil und einfach zu bauen, bringt das Windrad aus dem Windschatten.

# 3. Teil: Aufstellen und Nutzen des Windrades



## Mast bauen oder Befestigung auf dem Dach?

Am wichtigsten für gute Leistung ist die Windgeschwindigkeit, denn schon 20% weniger Wind halbiert die Leistung. Am besten steht das Windrad natürlich da, wo am wenigsten Windschatten und Wirbel sind, also möglichst hoch, z.B. auf einem Hausdach. Es ist so leicht und die auftretenden Kräfte so gering, daß man es ohne Gefahr auch auf schwachen Dachstühlen befestigen kann (Photo). Weil es für freistehende Masten evtl Grenzen bei der Genehmigungsfreiheit gibt, ist Aufstellen auf dem Dach oft ein sinnvoller Trick!

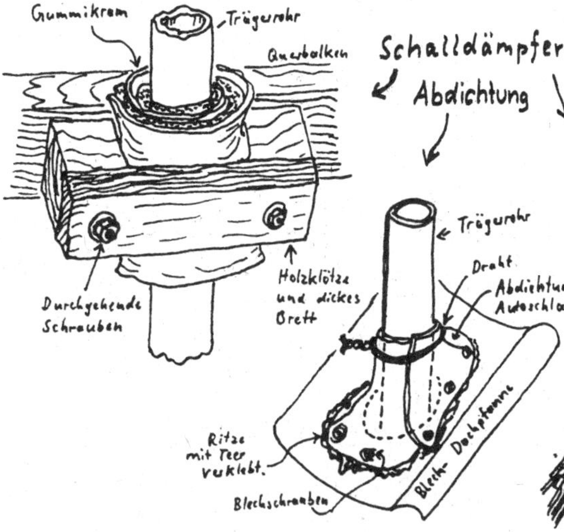


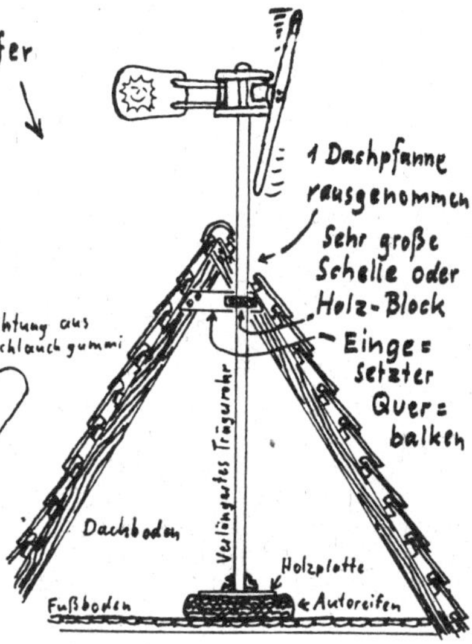


Diese Befestigung hat sich mehrfach gut bewährt:

Das verlängerte Trägerrohr steht unten auf einem Autoreifen, der auf dem Fußboden mit Holzklötzen gegen Verschieben gesichert ist. Auf den Reifen geschraubt ist eine Holzplatte (z.B. aus Brettern kreuzweise zusammengenagelt) und daran ist das Trägerrohr befestigt.

Oben, nahe dem First, ist ein stabiler Querbalken eingesetzt. Eine große Schelle oder ein Holzblock mit Aussparung umschließt das Trägerrohr. Zwischen Trägerrohr und Block sind einige Lagen Autoschlauchgummi und Schaumgummi untergebracht. Das ergibt eine hochwirksame Schalldämpfung selbst bei sehr hellhörigen Häusern. Da das Windrad ohnehin fast ohne Geräusche läuft, ist es drinnen kaum noch zu hören. Damit es nicht reinregnet, mach aus Blech eine Dachpfanne mit einem Loch fürs Trägerrohr, aber so groß, daß es darin Spiel hat. Mit Autoschlauchgummi wird dann abgedichtet, das Rohr bleibt beweglich.

## Windrad auf einem Flachdach aufstellen:

...oweia, der Mast macht doch die Dachpappe kaputt, und dann...

Pustekuchen, so geht's super und schützt obendrein gegen Übertragung von Geräuschen aufs Haus. Ein Dreibeinmast mit Verstrebungen, der in sich steif ist, muß her. An die Füße kommen kleine Paletten, darauf Gewicht, damit das Windrad nie umkippen kann. Unter die Paletten packe alte Autoreifen, die schlucken Schall und übertragen den Druck aufs Dach weich und gleichmäßig auf eine große Fläche - die Belastung des Daches durch einen Fußstapf des Dachdeckers ist da schon ein Vielfaches höher als die durchs Windrad - es kommt nämlich auf die Last pro Fläche an!

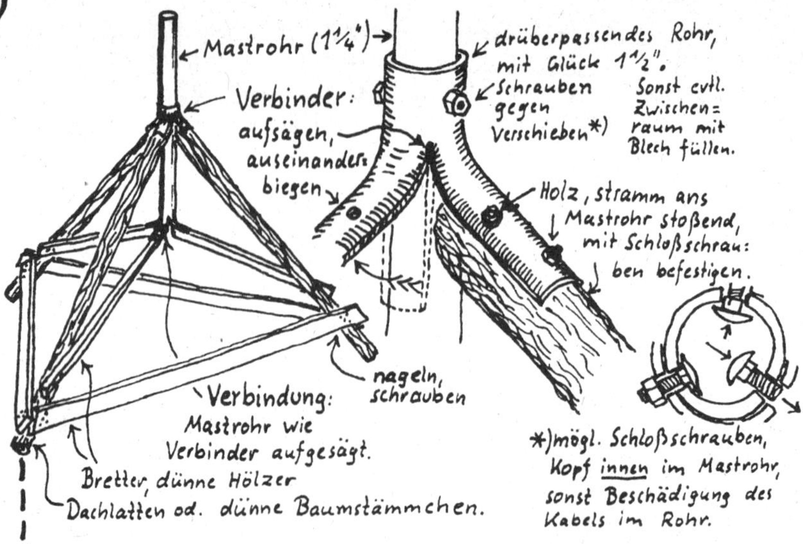


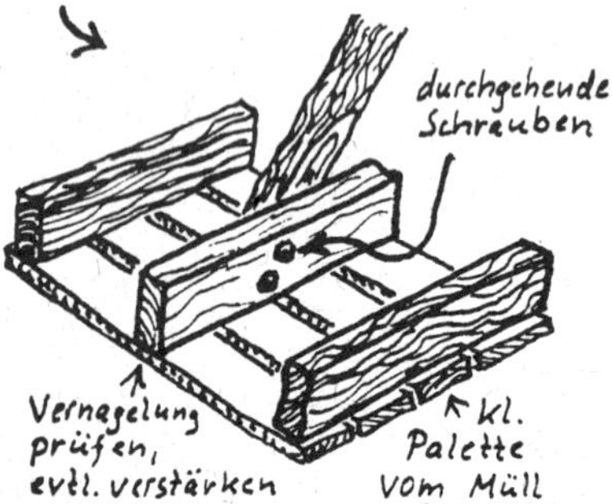


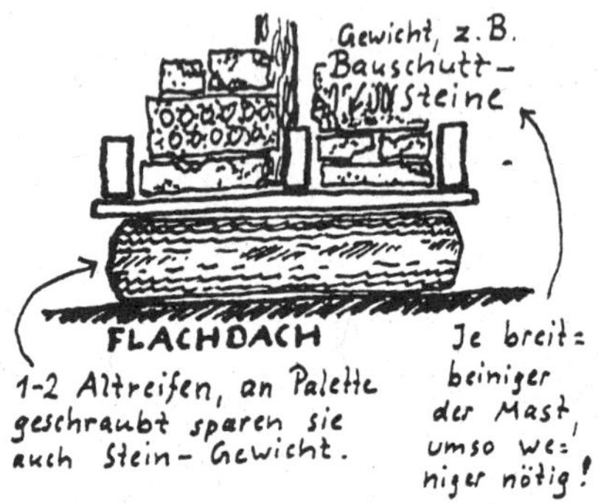


# Freistehender Mast:

Wo aber selbst ganz geringe Laufgeräusche stören, muß ein freistehender Mast her:

Ein mit Seilen abgespannter Einzelmast wird erst halbwegs stabil, wenn alle Seile stramm angezogen sind: die Seile versuchen, sich gegenseitig die Verankerungen aus der Erde zu reißen. Die Erdanker sind viel stärker belastet als beim Dreibeinmast. In der hier sinnvollen Höhe wird der Mast stark in sich schwingen, wenn er nicht zusätzlich auf halber oder 2/3 Höhe abgespannt ist. Viel Aufwand, wenig Effekt.

Ein Dreibeinmast ist in sich stabil und braucht keine bombastischen Fundamente (vergleiche: Photo-Stativ) Dickes Wasserrohr (verzinkt) oder alte Eisenträger (vom Bauschutt) als Erdanker mit Querstab und 2 Mauersteinen versehen sind verrottungsfest, superstabil und bei evtl. Demontage wiederverwertbar. Betonfundamente bleiben übler Bauschutt! Und: Ein Zentner Zement verbraucht in der Herstellung mehr Energie, als das Windrad in 5 Jahren liefern kann.

Eine kleine Plattform auf dem Mast oder dem steilen Hausdach ist für Wartungsarbeiten am Windrad sehr nützlich.

Merke: Besser ein höherer Mast als ein größeres Windrad! (S. 20).

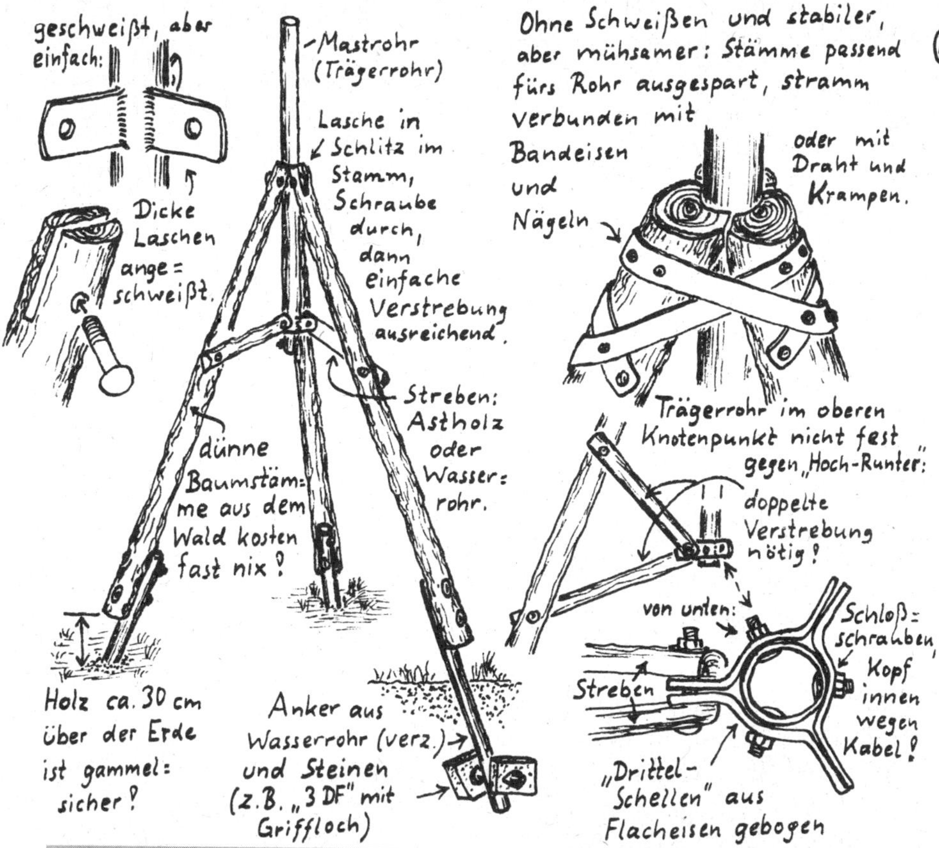

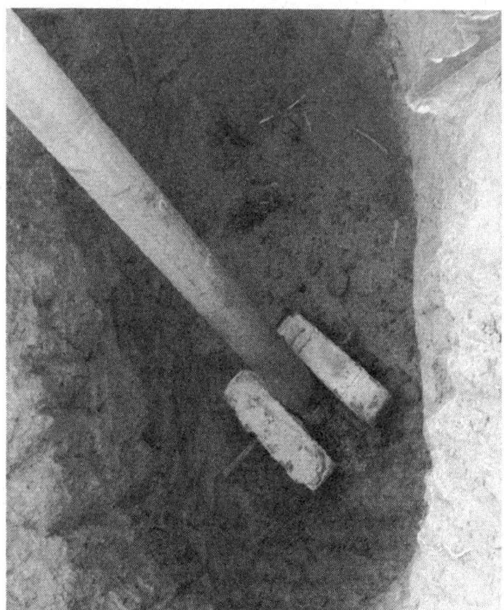

Selbst für den Mast eines 4-m-ø-Windrades (li.) reichen so einfache Anker!

# •Wohin mit dem Strom?

Die Speicherung des gewonnenen Stromes bleibt der heikelste Punkt: 1. geben Batterien bei weitem nicht das ab, was man hineinpumpt, 2. ist die Batterie - Herstellung äußerst umweltschädlich. Kaufen wir Batterien, fragt sich, wie viele Jahre das Windrad nun Atomstrom sparen muß, um den Umweltschaden vom Batterie - Herstellen und "Entsorgen" wieder wett zu machen. Also nehmen wir lieber höhere Batterie - Verluste in Kauf und holen bzw. tauschen die Batterien gratis bei der Schadstoffsammlung.

Schön wäre es, den Strom direkt zu nutzen und gar nicht erst in Batterien verloren gehen zu lassen. Doch die Möglichkeiten sind bescheiden:

Wenn Du ein Gelände mit Riesen - Gefälle hättest, könntest Du ja mit dem Windrad Wasser in irgend einen großen Behälter vom Schrott pumpen und bei Strombedarf genau die nötige Menge durch eine kleine Turbine rauschen lassen, - für 99,99% der Windradbastler bleibt das Illusion.

Weil die Spannung vom Windrad ungeheuer schwankt, wenn keine Batterie dran ist, kann man ohne Batterie und direkt am Windrad nur Verbraucher betreiben, die das aushalten, z.B. zusammen mit einem Überspannungsschutz für die LiMa einen Elektromotor, der irgendwas mal langsam und mal schnell dreht. Aber wozu dann der ganze Aufwand? Das macht ein mechanisches Windrad doch viel besser!

Mit Elektrolyse kann man auch Wasserstoff und Sauerstoff herstellen und daraus bei Bedarf Knallgas machen und verbrennen - saubere, aber gefährliche Energiespeicherung, für echte Nutzung viel Sicherheitstechnik nötig.

Der einzige wirklich einfache Weg, ohne Batterien auszukommen, ist leider nur, den Strom zu verheizen. So einfach, daß ich nichts weiter darüber zu schreiben brauche. Jeder Elektriker weiß Bescheid. Aber wohin mit dem Strom im Sommer? Also doch Batterien...

## Batterien richtig behandeln!

Kontrolliere den Ladezustand mit Voltmeter oder Säureprüfer. Nicht höher laden, nicht tiefer entladen, nicht entladen stehenlassen! (Werte für 12-V-Bleiakku)

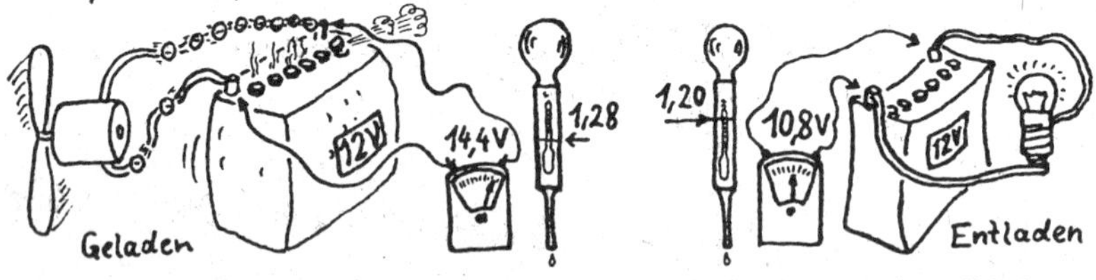


Die gewöhnliche Autobatterie, ein 12-V-Bleiakku, ist leer bei 10,8 Volt, voll bei 14,4 Volt. Höher laden und tiefer entladen schadet der Batterie schon nach kurzer Zeit. Steht eine Batterie unter 10,8 Volt entladen länger herum, ist sie meist völlig ruiniert!

Auch braucht es enorm viel Strom, die Batterie aus dem "Tiefentladen"-Zustand wieder herauszukriegen, ohne daß man von dem reingesteckten Strom etwas nutzen könnte. Beim Laden einer normal entladenen Batterie kann man den meisten reingesteckten Strom wieder nutzen. Es ist wie mit einem Karren, den man den Berg hinaufschiebt und wieder runterrollen läßt. Unten ist aber ein Sumpfloch. Läßt man den Karren zu tief herunterrollen, versinkt er im Morast und man muß sich unendlich mühen, ihn wieder herauszukriegen, ohne daß man nur ein Stück bergauf gekommen wäre...

Darum müssen wir regelmäßig den Ladezustand der Batterien prüfen! Wer wartet, bis das Licht dunkler wird oder gar das Radio nicht mehr spielt, hat die Batterien bald verdorben, denn selbt eine tiefentladene Batterie läßt die Glühbirne noch leuchten und am Radio merkt man noch längst nichts!

Dauernd zu hoher Ladestrom schadet ebenfalls, kurzzeitig macht's nichts. Richtwert: 1/10 der Ampèrestundenzahl, die auf der Batterie steht, nicht längere Zeit überschreiten, also reicht z.B. eine 96-Ah-Batterie für Ladestrom bis 9A. Da die Höchstleistung des Windrades (z.B. 15A) nur bei starken Böen rauskommt, ist es pfiffig, nur in dem Moment automatisch per Überladeschutzschaltung eine zweite Batterie mitzuladen, z.B. die, aus der gerade Strom verbraucht wird.

Dementsprechend schließe genügend Batterien ans Windrad, aber nicht zu viele, denn jede Batterie hat eine Selbstentladung und bei zu vielen Batterien frißt die Selbstentladung einen Großteil des Stromes auf. Außerdem schadet auch zu schwacher Ladestrom: Die Batterie muß ab und zu mal blubbern, sonst sinkt die vom Laden konzentrierte Säure nach unten, oben bleibt die zu dünne Säure stehen, in der die Platten von oben her sulfatieren. Hast Du einige Wochen kaum Wind, schwenke die Batterien gelegentlich etwas hin und her, um die Säure zu durchmischen.

Schließt Du mehrere Batterien parallel zusammen, sorgt stets die schlechteste dafür, daß sich alle anderen ebenso schnell entladen. Der Trick "Entkoppeln durch Dioden" ist auch schlecht: Sowohl beim Laden als auch beim Entladen mindestens 0,7 V Verlust ("Staudamm-Effekt"), zusammen 10-15% Verlust! Besser die Batterien mit Umschaltern einzeln anschließen, dann merkst Du auch gleich, welche es ist, wenn mal eine kaputtgeht. PKW - Batterien vom Schrott halten meist nicht länger als noch 1 Jahr, dagegen waren LKW - Batterien mit der Bezeichnung "rüttelfest" meistens noch jahrelang äußerst zuverlässig. Offenbar zerfallen deren Platten nicht so leicht.

Was beim Aufladen blubbert, ist Knallgas, hochexplosiv! Vermeide jeden Funken bei Batterien, die geladen werden. Der Batterieladeplatz muß gut belüftet sein. (s.S.75)!

Für 12 Volt mußt Du dicke Kabel legen, je länger der Weg und je höher die Leistung, umso wichtiger. Denn hier sind die Ströme hoch, Widerstand dünner Kabel verursacht große Verluste!

## Extra prima: Automatische Schutzschaltungen

Eine geeignete (!) Überladeschutzschaltung gibt auch ohne Beobachten die Sicherheit, daß die Batterie nicht überladen wird. Der Regler an der LiMa muß ja weg, damit das Windrad bei vollen Batterien sicher bleibt und keine Überdrehzahl kriegt.

Hier meine Selbstbau - Schaltung:

Ganz einfache Bauteile! Ruhestromverbrauch ca. 0,01W! Fernlicht-Abblendlicht-Relais für die Last, schaltet problemlos bis 25 Ampère zu!

E = Einschaltspannung einstellbar, z.B. 14,4 Volt

A = Abschaltspannung ein=stellbar, z.B. ½ Volt weniger.

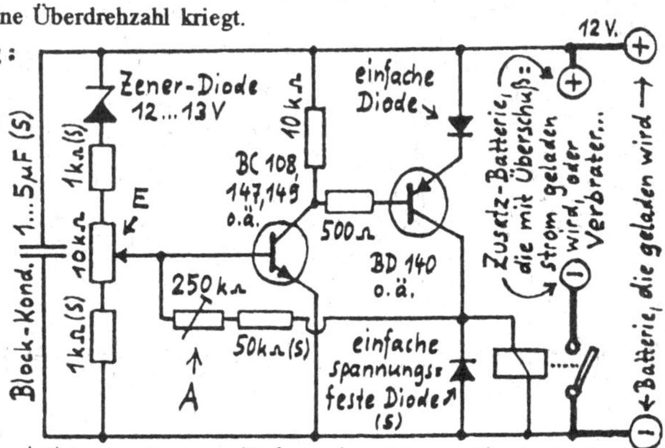


Widerstandswerte dürfen abweichen. (S)= Schutz-Teil.

Vorsicht bei handelsüblichen Laderegel- und Schutzschaltungen! Die Sorte, die die Batterie vom Stromerzeuger trennt, sobald die Batterie voll ist (üblich und harmlos bei Solarzellen) zerstört jede LiMa im Nu! Die LiMa darf nie ohne angeschlossene Batterie laufen, sonst brennt sie durch! Verwende nur Schaltungen, die parallel zur Batterie angeschlossen werden, wo also die Ladestromkabel vom Windrad zur Batterie immer direkt angeschlossen bleiben.

Dann achte auf den "Ruhestromverbrauch": Manche Schaltungen verbraten ständig merklich Strom, auch bei fast leerer Batterie! Willst Du, statt Überschuß - Strom zu verheizen, damit eine Reservebatterie laden, sollte die Schaltung mit einem Relais statt mit Halbleitern arbeiten: Am Halbleiter (Transistor etc.) "Staudamm - Effekt": 0,7V werden verheizt!

Gegen zu tiefes Entladen sichert diese Schaltung:

Ist die Batterie leer, schaltet das Relais die Verbraucher ab und evtl. ein Warngerät zu, z.B. aus einem alten Quarz-Wekker. Ruhestrom: ≤ 1 mA? ACHTUNG! So stromsparende Schaltungen reagieren auch auf „Kriechstrom" (durch Dreck und Luftfeuchte)! Zum Schutz dagegen fertige Schaltung mit Lack einpinseln!

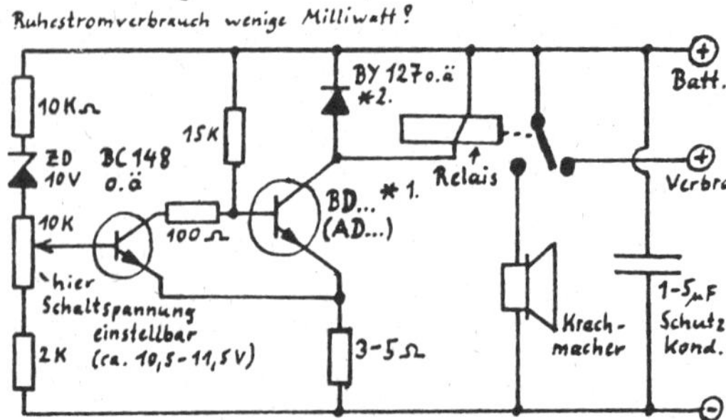


*1. Stärke des Transistors entsprechend Verbrauch des Relais, bei kleinen Relais reicht eine sehr starke C-Type.
*2. Schutzdiode gegen Spannungsspitzen vom Relais

Eine Batterie gleichzeitig zu laden und zu entladen ist ungünstig, denn Lade- und Entladestrom schwanken je nach Wind und Verbrauch so, daß die Batterie dauernd im Wechel voller und leerer wird. Das kehrt jedesmal den chemischen Vorgang in der Batterie um, und jede Umkehrung verschleißt die Batterie.

Daher sind 2 Batterien (oder Batteriegruppen) und ein mechanischer Umschalter gut, so gebaut, daß immer eine Gruppe nur entladen und eine nur geladen wird und daß niemals keine Batterie angeschlossen ist (superwichtig, sonst brennt die LiMa ruckzuck durch!).

ca. 1/3 - 1/4 tatsächlicher Größe. Hohe Stromstärke verlangt große berührende Blechflächen!

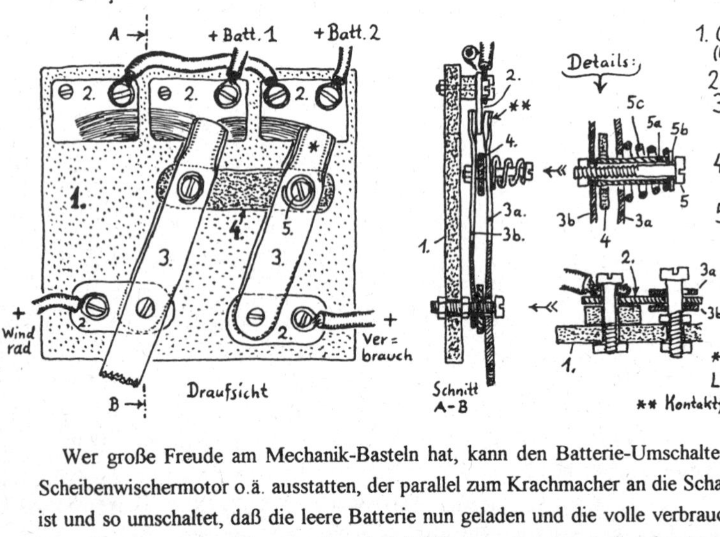


1. Grundplatte, Isoliermaterial (Pertinax od. ölgetränktes Holz)
2. Kontaktbleche (ca. 1mm Messing)
3. Kontaktfinger, einer verlängert als Schalthebel 3a. oberer -, 3b. unterer Kf.
4. Verbindungsstange (Isoliermaterial, z.B. Plastikeimer)
5. Schraube mit
   a. Distanzröhrchen (alte Antenne)
   b. evtl. Unterlegscheibe
   c. Druckfeder, drückt die Kontaktfinger auf die Kontaktbleche.

* Kontaktfinger breiter als die Lücke zwischen den K-blechen!
** Kontaktfinger-Kanten hochgebogen!

Wer große Freude am Mechanik-Basteln hat, kann den Batterie-Umschalter mit einem kleinen Scheibenwischermotor o.ä. ausstatten, der parallel zum Krachmacher an die Schaltung angeschlossen ist und so umschaltet, daß die leere Batterie nun geladen und die volle verbraucht wird. Aber Achtung: Der Strom zum Motor muß nach 1-2 Schaltvorgängen unterbrochen werden, sonst läuft der Motor, wenn beide Batterien leer sind, immer weiter und ruiniert sie!

## Batterien im Schrott aussuchen, prüfen und aufbessern: 

Bei manchen Batterien ist das Einbaudatum vermerkt. Neue Batterien bevorzugen.

Voll Säure? Batterien, die längere Zeit ohne Säure gestanden haben, sind geschädigt. Eine Zelle leer? Vermutlich defekt.

Platten: Plus-Platten schwarzbraun, Minus-Platten dunkelgrau? Hellgraue Beläge = Schädigung.

Batterie aufgebläht? Sind die Platten gequollen, ist sie vermutlich schlecht.

Spannung da? Batterie mit dünnem Kabel kurzschließen. Kabel wird sofort heiß oder brennt durch? Gut. Wenn nicht, kann die Batterie immer noch gut, jedoch im Moment tiefentladen sein.

Beurteilung zu Hause:

Eine Zelle defekt? Laden. Steigt die Spannung nicht weiter als auf ca. 12 V, ist vermutlich eine Zelle defekt. Test mit starkem Entladestrom. Die defekte Zelle blubbert nicht oder viel schwächer als die anderen.

Säuredichte stimmt trotz Volladen nicht? Verdächtig. Zunächst weiterprüfen.

Kapazität? Nehmen wir an, da steht 66Ah drauf. Dann kann die Batterie 66 Stunden lang 1A abgeben, oder 33 Stunden lang 2A. Aber alles in Maßen, sicherlich nicht 0,5 h 132A, da der Strom zu groß wäre und auch nicht 660 h 0,1A, da sie sich nach 1000 Stunden bereits von selbst entladen hat. Aber häng doch eine ordinäre Autoglühbirne dran und guck auf die Uhr, wie lange die Birne brennt, bis die Spannung auf 10,8 V gesunken ist. Wenn die Batterie 1/2 bis 2/3 ihrer Nennkapazität hat, sollten wir zufrieden sein.

Innenwiderstand? Betreibe sie ein paar Tage lang im Auto eines Freundes. Wenn der Wagen noch einigermaßen anspringt, ist die Batterie für uns noch brauchbar.

Selbstentladung? Volladen, Stehenlassen. Ist die Spannung nach drei Wochen noch 13 V? Prima; 12 V? Gut; 11,5 V? Mittel; 11 V ? Noch brauchbar; 10,5 V? Ohauehaueha! Darunter? Schrottreif.

Schlechte Batterien zurück auf den Schrott bzw. zur Schadstoffsammelstelle und tauschen. Dort sind so viele, sicher findet man bald eine brauchbare oder aufbesserungsfähige Batterie.

Aufbesserungen:

Ungleiche Zellen egalisieren: Schlechte Zellen einzeln nachladen. Nicht zugänglich? VA-Draht oder ganz weiche Bleistiftminen auf die Platten pieksen.

Sulfatiert, geringe Kapazität, graue Beläge auf den Platten? Wochenlang sanft laden, mehrfach Kapazität messen.

Sehr starke Selbstentladung durch Anodenschlamm bis an die Platten? Anodenschlamm ausspülen: Säure in säurefesten Pott gießen, mit Wasser Batterie mehrfach ausspülen, Wasser auffangen. Abstehen lassen, braunes Pulver rausfiltern (giftige Bleiverbindung!) und in wertlose Schrottbatterie füllen. Es wird beim späteren Aufarbeiten der Batterie mit verarbeitet. Batterie mit destilliertemWasser nachspülen, Säure wieder rein, anschließend prüfen!

Gute Batterie, auf den Schrott gekommen wegen einer defekten Zelle? Zelle unten anbohren, Säure auffangen und in Schrottbatterie zufüllen. Gehäuse an der defekten Zelle aufsägen und Platten gründlich verbinden. Nun ist es eine gute 10-V-Batterie. Das Licht ist dunkler, Motoren laufen etwas langsamer, Kapazität und Selbstentladung sind jedoch oft noch gut.

Vergammelte Anschlüsse? Selbstverständlich gründlich reinigen und guten Kontakt herstellen. Jeder Übergangswiderstand schadet. Batterieanschlüsse und Umgebung mit Vaseline fetten.

Hinweis: Nickel-Cadmium-Akkus (sehr dauerhaft) und Nickel-Eisen-Akkus (weniger giftig) gibt's gebraucht von der Post oder der Bundeswehr (würg), steht im Bundesausschreibungsblatt.

# Wie vielseitig man den Windstrom nutzen kann...

Wir haben 12V Gleichstom und durchschnittlich 200 Wh Leistung am Tag, in windschwachen Gebieten weniger, in windstarken mehr. Damit können wir z.B. Licht machen: Eine 21W-Autoglühbirne gibt fast so viel Licht wie eine 40 W-220 V-Birne, denn Niederspannungsbirnen haben eine höhere Glühfadentemperatur. 20-W-Halogenbirnen sind noch viel heller, oft reicht schon eine 10-W-Birne am richtigen Platz. Noch sparsamer sind Leuchtstofflampen mit angebautem Wandler (Campingbedarf), aber leider nicht frei von "Elektrosmog".

Wir können hier täglich vier 21-W-Birnen 2 1/4 Stunden lang brennen lassen oder eine 9 Stunden lang oder stundenlang Radio oder Tonband hören, wenn es Transistorgeräte sind, die sich mit 12 V betreiben lassen.

**In Batteriegeräte wie Radio oder Recorder ohne 12V - Anschluß stecke Besenstiele mit Kabeln dran ins Batteriefach, führe die Kabel raus und schließe sie an den Windstrom an, von dem Du vorher in Dioden soviel verbrätst, daß gut die Spannungen der Batterien, die früher im Radio waren, rauskommen. Beispiel: drin waren 6x1,5V = 9V. 12V Windstrom erst durch 4 Dioden in Reihe (je 0,7V Staudammeffekt = 2,8V) schicken, bleiben 9,2V übrig; paßt prima! Und die Dioden schützen vor falsch gepoltem Anschließen.**

Aber dies alles sind kleine Stromverbraucher. Einen elektrischen Heizlüfter könnte man 6 min betreiben, einen elektrischen Durchlauferhitzer ca. 45 sec täglich. Maschinen aller Art können wir mit 12V-Elektromotoren aus Schrottautos (Scheibenwischer) antreiben. Starke 12V-Motoren sind Gleichstromlichtmaschinen, wenn sie ohne Regler als Nebenschlußmotoren geschaltet sind. Mit der Stromausbeute von 2 Tagen Windstrom kann man eine Waschmaschine laufen lassen, die mit einem solchen Motor ausgerüstet wurde. Allerdings muß das Wasser dazu extra warm gemacht werden, am besten im Sonnenkollektor, notfalls auch im Badeofen oder in der Gastherme.

Der 12V-Gleichstrom ist auch recht ungefährlich, zum Elektronikbasteln bestens geeignet, und die stromdurchflossenen Kabel sind nicht von Wechsel-Magnetfeldern umgeben wie bei üblichen Stromnetzen (Elektrosmog).

Elektro-Werkzeuge für Windstrom von Gerd Heidemann:

Oben: Links kleine Bohrmaschine mit Kühlergebläsemotor, Mitte große Bohrmaschine, rechts Handkreissäge. Gleichstrom-LiMas als Motoren, für mehr Kraft und Drehzahl sind Feldspulen aus dickem Draht ( vom Anlasser) eingebaut und im Reihenschluß geschaltet. Unten: Die Schweißeinrichtung. Er verwendet nur Schutzwiderstände, verzichtet auf die Drosselspule und schweißt mit 24 Volt. Stromsparend, aber schlechter zündend als mit 36 V.

## Schweißen mit Windkraftstrom

ist keine Zauberei, die Batterien sammeln mit der Zeit die "kleinen Mengen" Strom vom Windrad, können ihn aber "auf einen Schlag" abgeben: der höchste zulässige Strom, der auf einmal entnommen werden darf, steht auf der Batterie, z.B. 12V 110Ah 450A. Doch darunter leidet die Batterie, lieber nur bis 1/4 dieses Stromes belasten, bei kleinen Batterien besser zwei parallel schalten. Wir brauchen 24 - 36 Volt. Ich habe auch schon mit 3 superschrottigen PKW-Batterien prima geschweißt.

Wichtig: dicke Kabel (wie "Starthilfe - Kabel" von Nachbar's Autozubehör), gute, großflächige Anschlüsse und der "automatische Schweißstromregler": nicht zu dicker Eisendraht (Zaundraht um Ziegelstein wickeln), Eisendraht läßt kalt (geringe Last) Strom leicht durch, wird er heiß (Überlast), steigt sein Widerstand rapide und begrenzt den Strom. Für Elektroden 2 - 2,5 mm Ø, ca. 3 - 5 m Draht 2 mm Ø, wahlweise einen oder zwei parallel. Günstig sind Abgriffe zum Stromstärke - wählen.

Das Schweißen geht sauberer als mit üblichen Atomstrom-Schweißtrafos! Superedel ist noch eine zusätzliche Drossel spule (aus einem dicken Schrott-Trafo). Wenn jetzt noch jemand rauskriegt, wie man Elekrodenum-hüllungen selber macht, hätten wir eine völlig kommerz-unabhängige Schweißtechnik!

Daß man durch Elektrolyse mit Windkraftstrom auch viele bunte Luftballons mit Knallgas füllen kann, wollen wir aus sicherheits-technischen Gründen lieber gar nicht erst erwähnen...

**Inzwischen gibt es alle nur erdenklichen Haushaltsgeräte auch in 12 -Volt - Ausführungen im Campingbedarf, weil man heute statt mit Rucksack und Zelt mit rollenden Haushalten unterwegs sein muß (?!?). Natürlich ist auch viel unnützer Schnickschnack dabei, oder furchtbar gierige Stromfresser, wie Kühlschränke mit 12V - Heizspiralen. Motorgeräte können wir oft umbauen, indem wir Autoelektrik einbauen.**

**Manches handliche 220V - Gerät ist schwer umzubauen oder die Mühe lohnt nicht, weil wir es nur selten benutzen (z.B. Elektrowerkzeuge). Hier kann ein Umformer von 12 auf 220V sinnvoll sein, während er für den alltäglichen Bedarf viel zu viel Verluste macht. Grundregel: Was irgend geht, direkt als 12V - Strom verbrauchen.**

Windkraftgetriebenes Dreirad-Mofa von Peter-Rombach:
Elektrofahrzeuge sind umweltschädlich, wenn sie mit Atomstrom fahren. Aber Peter Rombach

macht sich den Windstrom selber und nutzt ihn zum Beispiel mit diesem hochedlen Eigenbau-Elektrodreirad. Es gibt kaum ein Windrad-Prinzip, das Peter Rombach nicht schon für den Selbstbau ausprobiert hätte, und immer wieder tüftelt er neue, auch ungewöhnliche Verbesserungen aus. Viele gute Konstruktionen hat er schon entwickelt, so schon 1982 ein Windrad mit Helikoptersicherung durch Gegengewichte ("Pero-Libelle"). Heute baut er die besten mir bekannten Dauermagnetgeneratoren. Damit lädt ein Windrad schon bei unter 3m/sek Wind und der Wirkungsgrad reicht an 80%, was mit LiMas unvorstellbar ist. Das Windrad leistet dadurch im Schnitt das doppelte wie mit LiMa, oder es kann für gleichen Ertrag viel kleiner, handlicher und mit weniger Angriffsfläche gebaut werden. Die Generatoren sind nicht billig, aber äußerst preiswert, da er sie zum Selbstkostenpreis baut.

Adresse: Peter Rombach, An der Kesselschmiede 7, 52223 Stolberg, Tel. 02402 / 24216

Ebenfalls in Stolberg baut die Jugendwerkstatt, Spinnereistr. 1-5, 52222 Stolberg, Repeller in verschiedenen Größen. Anfragen z.Hd. Schreinermeister Hötgen, Tel. 02402 / 26417.

## Die „Batterie-Zentrale":

Auch beim Aufladen der Batterien entsteht durch Elektrolyse etwas Knallgas, bei extremem Ladestrom auch Säuredämpfe. Darum: Batterien an einen gut gelüfteten Ort! Im luftigen Schuppen oder Dachboden kein Problem, in Wohnräumen ist's ungesund. Da muß ein Batterie-Schrank her: Prima ist ein Sperrmüll-Kühlschrank. Das Plastik ist säuredampffest und die Tür schließt hermetisch zum Wohnraum! Damit sich keine Gase sammeln können, schneiden wir ein Loch in die Rückwand und kleben ein Plast-Abwasserrohr hinein, das als Entlüftung nach draußen führt. Die Kühlschrank-Isolierung verhindert, daß die kalte Luft von draußen durch die Schrank-Wand den Wohnraum auskühlt. Alle Sicherungen und Schalt-Einrichtungen, die Funken machen könnten, legen wir außerhalb des Batterieschrankes.

Eine Batterie, die zum Verbraucher getragen und nur entladen wird, brodelt nicht und kann offen im Wohnraum stehen. Ohne Gas-Probleme sind die gasdichten Autobatterien, die es neuerdings schon auf dem Schrott gibt (keine Zellendeckel). Sie sind allerdings auch nicht reparierbar.

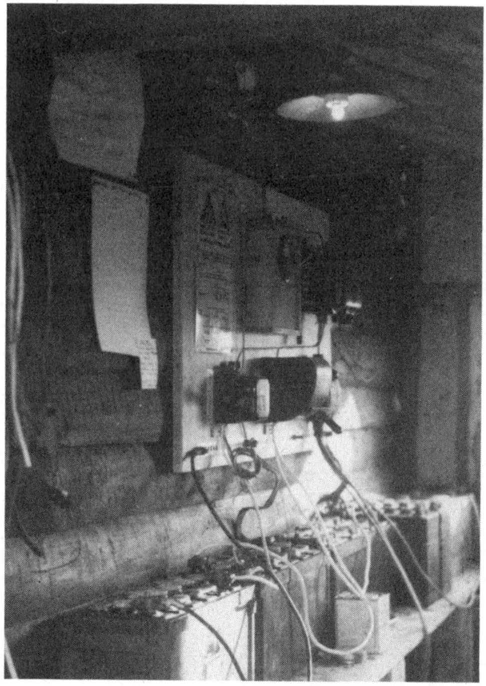

Batterie-Zentrale im Schuppen:
Die Batterien sind einzeln per Trennschalter angeschlossen, das spart Trenn-Dioden (S.69 und Verluste.

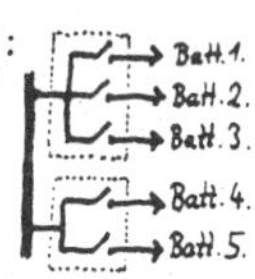


## Das Leitungsnetz im Haus:

Das Beispiel "Schweißen" zeigt, welche Kraft in den Batterien gespeichert ist. Ein Kurzschluß kann die Kabel schnell in Zündschnüre verwandeln. Daher alle Stromkreise absichern!

Bei Niederspannung frißt der Kabelwiderstand viel Leistung auf, darum lege dicke Kabel (S.76) und vermeide lange Leitungen. Wir können bei Haushaltskabeln aus Abbruchhäusern oder vom Schrott mehrere Adern parallel schalten oder sogar die Adern rauspulen, abisolieren und zu dicken Kupfersträngen zusammendrillen (Sammelkabel). Als Isolierung können wir irgendwelche alten Schläuche drüberziehen oder die Kabel auch offen und unisoliert, aber mit weitem Abstand voneinander verlegen! Ist nur 12 Volt, Anfassen macht nix, und wir können ganz einfach überall da, wo gerade nötig, einen Verbraucher an die "Freileitung" klemmen - spart viele Verzweigungskabel, Schalter und Steckdosen! An schönen alten Porzellanisolatoren befestigt sieht die Anlage dann aus wie aus einem technischen Museum...

Wenn das Haus keinen Stromnetzanschluß hat (prima!!), aber Wasserrohre, kannst Du diese statt eines Kabels als "Masse"-Leitung benutzen!

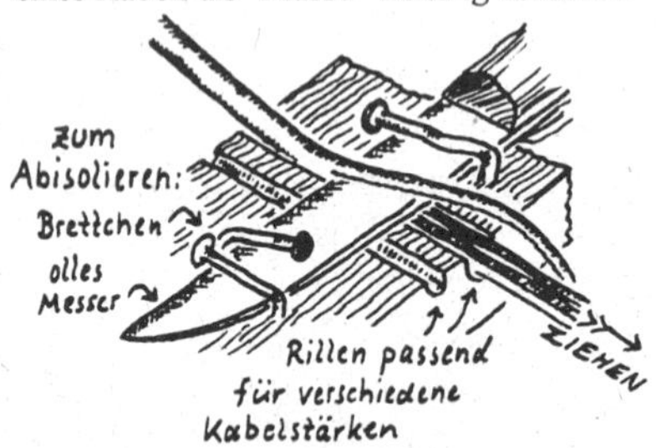


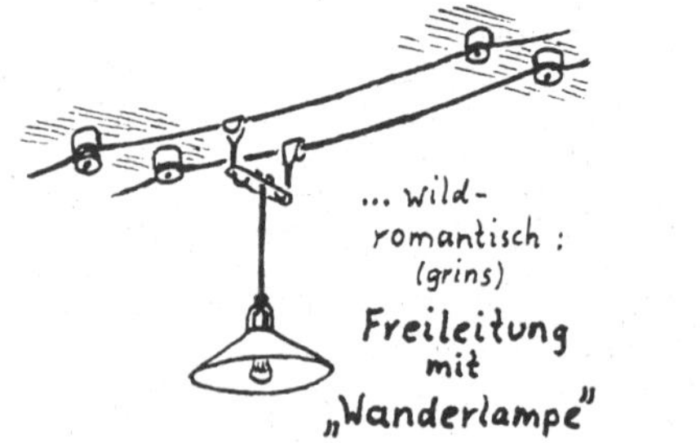


Noch mehr Tricks, die Kupfer und Widerstand sparen:

- Zu starken oder weit entfernten Verbrauchern Batterie tragen statt Kabel verlegen. Noch besser, weil komfortabel:
- Extra-Batterie direkt bei solchen Verbrauchern, nur dünnes Kabel nötig zwischen "Batterie-Zentrale" und Extra-Batterie! Sinnvoll, wenn der Verbraucher nur ein paar Stunden täglich läuft: Der starke Verbrauchsstrom kommt praktisch verlustfrei von der Extra-Batterie, für den Ladestrom von der Batterie-Zentrale reicht ein dünnes Kabel, denn er ist nur schwach. Besonders dann zu empfehlen, wenn Du ein vorhandenes 220V-Haushaltsnetz (dünne Kabel) auf 12-Volt-Windkraftstrom umstellst.
- Belaste ein Kabel mit nur 1/3 bis maximal 1/2 des Stromes, der bei 220 Volt üblich ist, sehr lange Kabel noch geringer. Bei 220 V setzt man die Grenze bei dem Strom, der das Kabel zu sehr aufheizt, bei 12 V wären Verluste, die das Kabel erwärmen, unerträglich. Richtwerte:

**1 mm² Kupferkabel hat ca. 18 Ω Widerstand pro km.**

Für Dauerbetrieb: ca. 5% Verlust möglichst nicht überschreiten!

**Faustformel:**

$$\%\ \text{Verlust bei 12 Volt} = \frac{\text{Länge (m)} \cdot \text{Strom (Amp.)}}{\text{Querschnitt (mm}^2) \cdot 6}$$

Für 5% Verlust erlaubte Kabellänge (Hin- und Rückweg beachten):

| Für Strom bei | 1 mm² | 2,5 -"- | 6 -"- Querschn. |
|---|---|---|---|
| 2 Amp. | 16 | 40 | 100 |
| 5 " | 6 | 16 | 40 |
| 10 " | 3 | 8 | 20 |

(ca. Meter)

1 - 2 Lampen à 21 Watt kannst Du an eine übliche Haushaltskabel-Ader anschließen, 3 Lampen nur, wenn die Leitung sehr kurz ist. Für stärkere Last solltest Du schon mehrere Adern parallel, dickeres Kabel oder den Extra-Batterie-Trick verwenden, dann bleiben die Verluste klein. Lange Leitungen wähle dicker. Sammelkabel können wir stärker auslasten, wenn der Fall "alle Verbraucher laufen" selten ist. Jedoch niemals stärker belasten, als bei 220 Volt erlaubt!

- Nicht, wie bei heutiger 220-V-Elektrik üblich, vom Zentral-Sicherungskasten einzelne Kabel zu den Verbrauchern legen, sondern die Kabel so weit wie möglich parallel führen und zusammen schalten. Dann hat jeder Verbraucher nur ein kurzes Stück dünnes Kabel und die Verluste bleiben minimal, solange nicht alle Verbraucher zugleich laufen (Wann tun sie das schon?). Wichtig: Die Sicherungen kommen immer da hin, wo ein dünnes Kabel abzweigt, außerdem eine Hauptsicherung direkt an die Batterie und evtl. noch eine Zwischen-Sicherung dahin, wo das Sammel-Kabel dünner wird, als für den Strom der Hauptsicherung nötig.

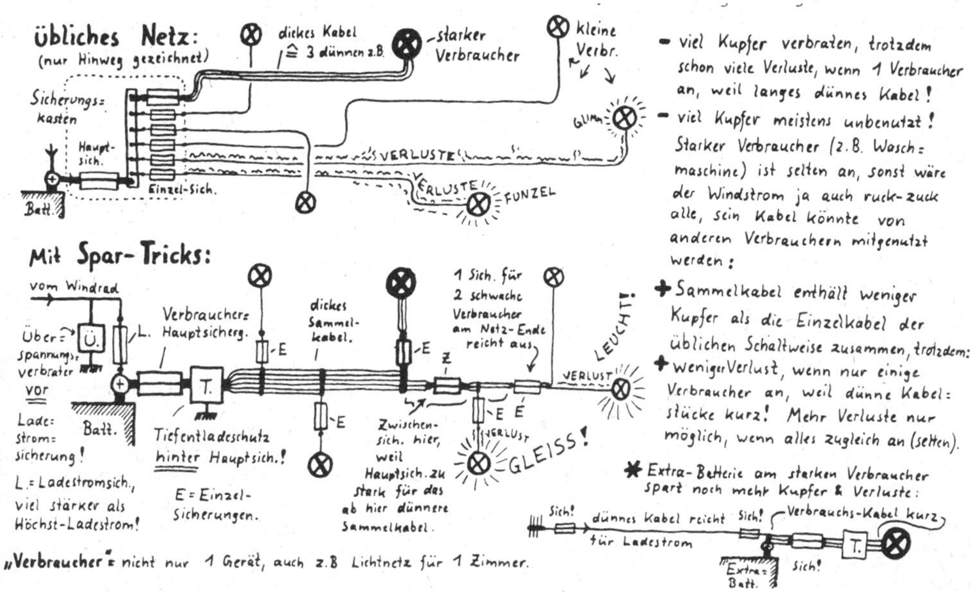


Elektro-Teile kannst Du aus Haushalts-oder Auto-Schrott nehmen:

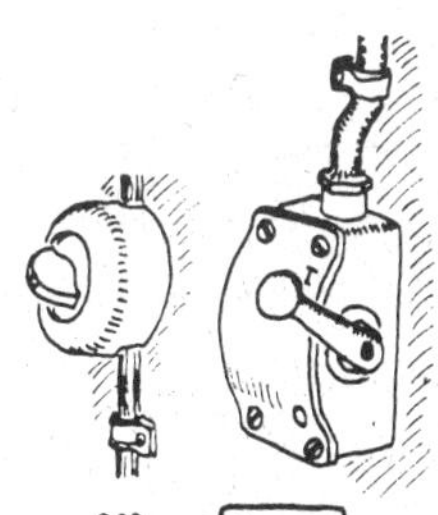

Sicherungen schwächer als bei 220 V üblich (Kabel-Belastung!) Druckknopf-Automaten sind da praktisch, wo mehrere Verbraucher angeschlossen sind.

Lichtschalter müssen höhere Ströme aushalten als bei 220 V, also keine winzigen "in-der-Schnur"-Schalter für stärkere Lampen! Gut sind Schalter aus Schrottautos oder alte Drehschalter aus Abbruchhäusern, für stärkere Verbraucher alte Hebel-Schalter z.B. von Drehstrom-Motoren. Schaltpole parallelschalten oder offene Schalter bauen (S. )!

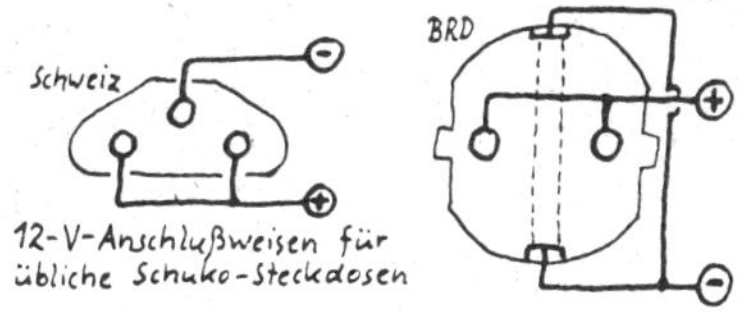


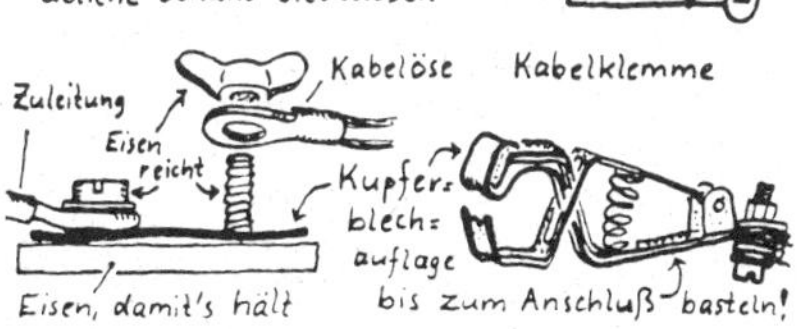


Steckdosen nicht falsch polbar anschließen, für starke Verbraucher Kabelösen und Flügelschrauben oder Klemmen an Freileitung. Die Berührungsflächen sollen aus Messing- oder Kupferblech sein, darunter darf Eisen sein.

Auch 220 V im Haus? Unterschiedliche Steckdosen für 12 V und 220 V verwenden!!! Umformer direkt bei Batterie, 220-V-Leitungen extra legen (VDE-gemäß isoliert), Länge macht nix.

# Teil 4: Varianten & besondere Bauweisen

## * Neuer Repeller „FAST LAUTLOS“!

Er leistet mindestens ebensoviel wie der einfache Repeller, hat aber mehr Anlaufkraft und seine Laufgeräusche sind in 30 m Entfernung kaum noch vom Rauschen der Bäume zu unterscheiden. Dafür ist er schwieriger zu bauen. Du mußt mehr raspeln statt hobeln, weil es kaum gerade Linien gibt. Hier die Maße und Profile für 1,8 m $\phi$, für andere $\phi$ alles verkleinern. Sonst entspricht der Bau dem eines einfachen Repellers (S. ).

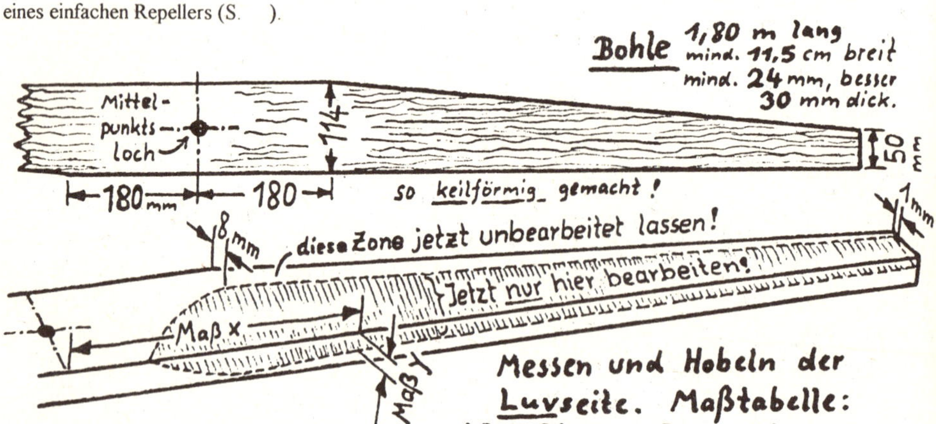


**Messen und Hobeln der Luvseite. Maßtabelle:**

**a) für 24 mm Bohlenstärke:**

X (= Entfernung von der Mitte in Millimeter), Y (= Abstand von der Oberkante in mm)

| | | | | | | | | | | | | | |
|---|---|---|---|---|---|---|---|---|---|---|---|---|---|
| X: | 80 | 220 | 233 | 250 | 272 | 305 | 360 | 400 | 425 | 448 | 470 | 492 | 515 → nächste Zeile |
| Y: | 0 | 14 | 15 | 16 | 17 | 18 | 19 | 19 | 18 | 17 | 16 | 15 | 14 |

| | | | | | | | | | |
|---|---|---|---|---|---|---|---|---|---|
| » X: | 539 | 564 | 590 | 618 | 650 | 690 | 740 | 810 | 890 |
| Y: | 13 | 12 | 11 | 10 | 9 | 8 | 7 | 6 | 5 |

Achtung! Der Repeller aus der 24-er Bohle hat merklich weniger Anlaufkraft!

**b) Maßtabelle für 30 mm Bohlenstärke: mehr Anlaufkraft!**

| | | | | | | | | | | | | | | |
|---|---|---|---|---|---|---|---|---|---|---|---|---|---|---|
| X: | 80 | 180 | 186 | 193 | 201 | 210 | 220 | 233 | 250 | 270 | 293 | 315 | 335 | 353 → |
| Y: | 0 | 18 | 19 | 20 | 21 | 22 | 23 | 24 | 25 | 26 | 25 | 24 | 23 | 22 |

| | | | | | | | | | | | | | | | | |
|---|---|---|---|---|---|---|---|---|---|---|---|---|---|---|---|---|
| » X: | 369 | 384 | 400 | 417 | 435 | 444 | 464 | 485 | 508 | 533 | 560 | 590 | 630 | 680 | 740 | 810 | 890 |
| Y: | 21 | 20 | 19 | 18 | 17 | 16 | 15 | 14 | 13 | 12 | 11 | 10 | 9 | 8 | 7 | 6 | 5 |

**Leeseite: Profilschablone Nr. ...**

| | | | | | | | | | |
|---|---|---|---|---|---|---|---|---|---|
| Profilschablone Nr. | ① | ② | ③ | ④ | ⑤ | ⑥ | ⑦ | ⑧ | ⑨ |
| anlegen bei ... mm vom Mittelpunkt: | 180 | 270 | 360 | 450 | 540 | 630 | 720 | 810 | 890 |

# Die Profile Maßstab 1:1 zum Abpausen!

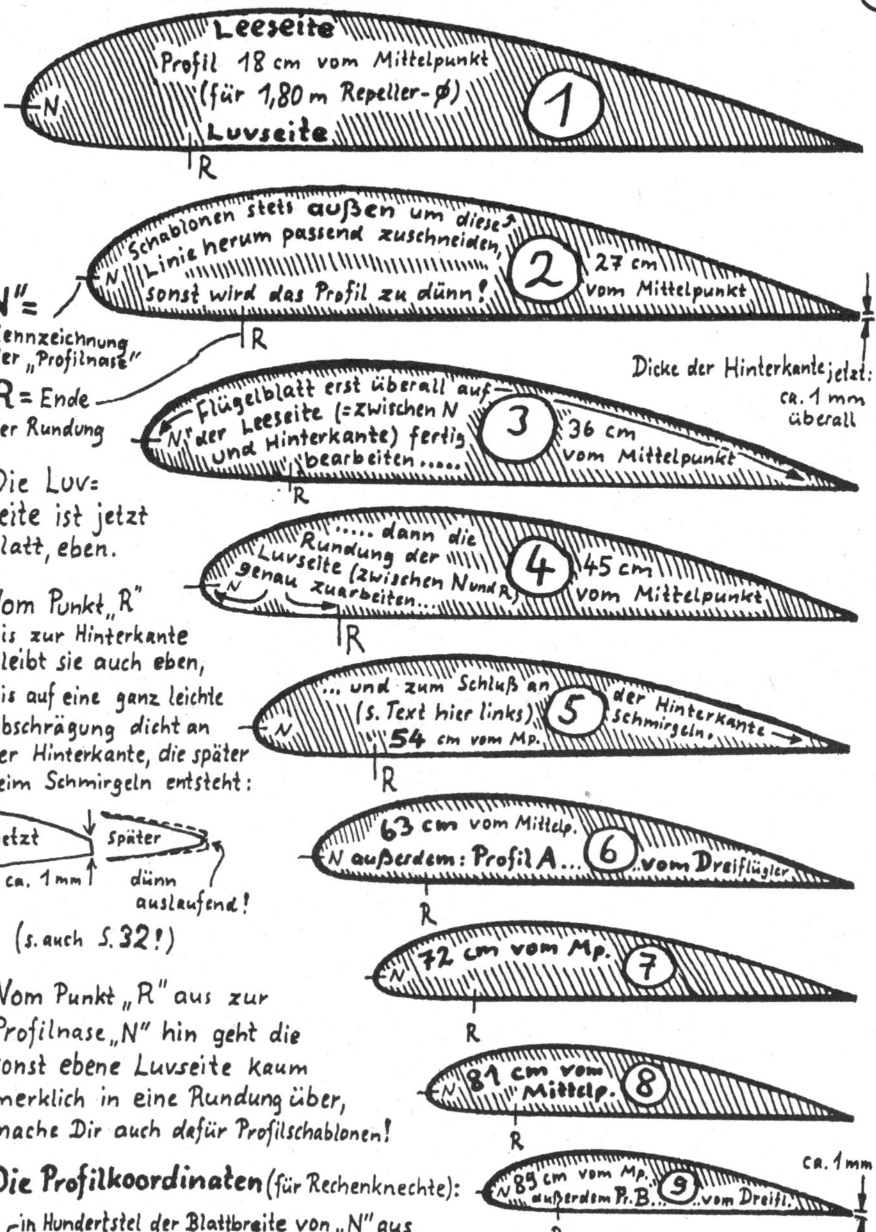


„N" = Kennzeichnung der „Profilnase"

„R" = Ende der Rundung

Die Luv-seite ist jetzt glatt, eben.

Vom Punkt „R" bis zur Hinterkante bleibt sie auch eben, bis auf eine ganz leichte Abschrägung dicht an der Hinterkante, die später beim Schmirgeln entsteht:

(s. auch S. 32!)

Vom Punkt „R" aus zur Profilnase „N" hin geht die sonst ebene Luvseite kaum merklich in eine Rundung über, mache Dir auch dafür Profilschablonen!

**Die Profilkoordinaten** (für Rechenknechte):

in Hundertstel der Blattbreite von „N" aus

| x | 0 | 1,25 | 2,5 | 5 | 7,5 | 10 | 15 | 20 | 30 | 40 | 50 | 60 | 70 | 80 | 90 | 95 | 100 |
|---|---|---|---|---|---|---|---|---|---|---|---|---|---|---|---|---|---|
| y Lee | 4,8 | 7,5 | 8,8 | 10,6 | 11,9 | 12,9 | 14,3 | 15,3 | 16 | 15,8 | 14,8 | 12,96 | 10,5 | 7,7 | 4,4 | 2,6 | 0,8 |
| y Luv | 4,8 | 2,6 | 1,8 | 0,96 | 0,48 | 0,3 | 0,08 | 0 | 0 | 0 | 0 | 0 | 0 | 0 | 0 | 0,08 | 0,2 |

in gleicher Maß-einheit von der Ebene der Luvseite aus. Profil 797.

# (80) Dreiflügler: absolut vibrationsfrei!

Ein Zweiflügler mit nicht 100%igem Massenträgheitsmomentenausgleich (S. 43 ) schüttelt das Windrad immer etwas, wenn es sich in Windrichtung dreht. Läuft es auf einem freistehenden Mast oder steht gummigelagert auf einem Hausdach (S. 65 ), stört das nicht. In einem hellhörigen Haus können sich jedoch Vibrationsgeräusche übertragen und stören. Da hilft ein Dreiflügler!

Wir haben ein Dreiflügler-Windrad direkt, ohne Gummidämpfer, an den Giebel eines schwach gebauten Kleinsiedlerhäuschens geschraubt. Von Geräuschen oder Erschütterungen keine Spur!

Die Flügel eines Dreiflüglers kannst du genau wie halbe Repeller nach S. 27 - 36 oder 78 bauen, aber Du mußt das Gleichgewicht anders prüfen. Für die Schnelläufigkeit müssen die fertigen Flügel mit geändertem Anstellwinkel zwischen die Nabenscheiben geleimt werden. Hier die Besonderheiten:

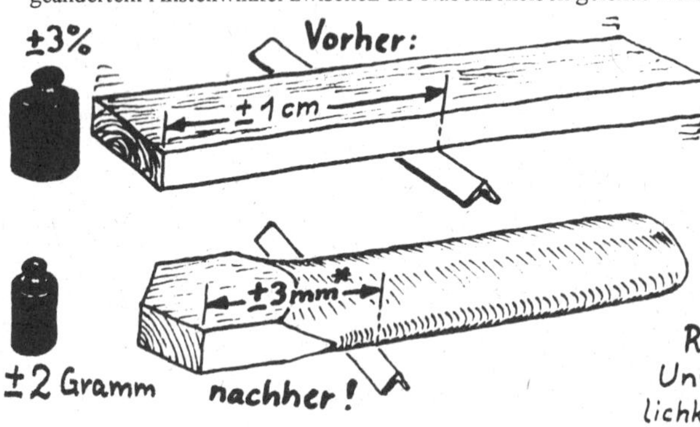


Vergleiche Gewicht und Schwerpunkt der Bohlen und der Flügel nach jedem Arbeitsschritt. Falls Grenzen s.o. eingehalten, ist Genauigkeit s.u. leicht erreichbar. So kriegt der Repeller später keine Unwucht. (Ausgleich-Möglichkeit beim Verleimen s. S. 81)

Zwischen allen Arbeitsgängen Schwer⇑punkt (auf ^-Eisen) suchen & wiegen.

Bei allen drei Bohlen die Seite der Maserung als Luvseite nehmen, die sich (falls es passiert) hohl verzieht, schadet dann am wenigsten. Keinesfalls eine Bohle andersherum als die anderen! 

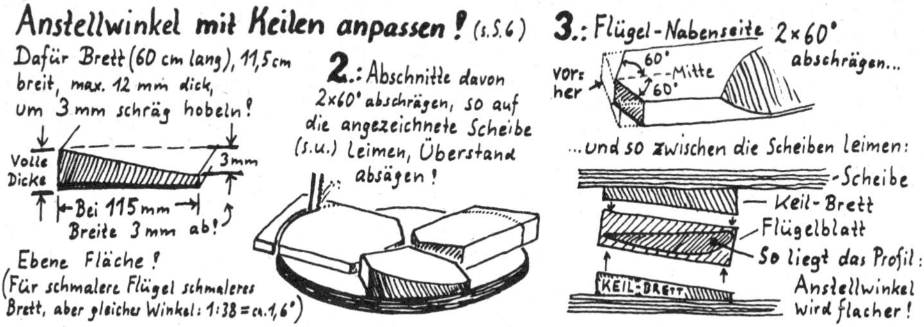


Die Sperrholzscheiben für die Nabe säge nur aus absolut wasserfestem Boots- oder Betonbausperrholz (Großbaustellen - Abfall), mind. 12 mm stark. Mit Zirkel anzeichnen, ebenso die 120° - Teilung, kleines Mittelpunktsloch bohren, Flügelposition aufzeichnen.

Bei ungleicher Schwerpunktlage ist die letzte "Schummel - Möglichkeit", den Flügel weiter herausstehend oder dichter zum Mittelpunkt geschoben einzuleimen, aber die Durchlüftung der Nabe (s. Zeichnung S.81) muß bleiben. Sonst läßt durch feine Ritzen eindringendes Wasser den Repeller von innen vergammeln!

Verleime die Flügel nur mit Leim Güte B4 (= garantiert unterwasserfester Bootsleim). Leim Klasse B3 wird auch als "wasserfest" verkauft, löst sich aber schon nach 12 Std. Dauerregen auf!

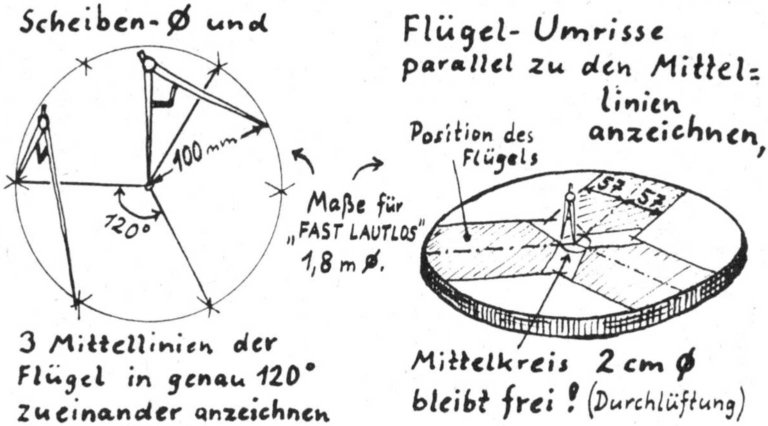


Flügel mit 1 cm Abstand von der Mitte (Lüftung!) an die 1. Scheibe ohne Leim festzwingen, Ausrichtung prüfen (Abstand der Flügelspitzen voneinander messen), mit Holzschrauben fixieren. Schrauben dabei so setzten, daß die Schraubenlöcher später für die durchgehenden Schrauben dienen können (s. Zeichnung S.82). Das Ganze auf die 2. Scheibe leimen. Unbedingt Abfallbretter zwischen Zwinge und Scheibe bzw. Flügel legen, sonst gibt es nur eine punktweise Verleimung, außerdem die Flügel unterstützen, "Gefahr im Verzuge"!

Wenn ausgehärtet, 1. Scheibe abschrauben und ebenfalls aufleimen, Flügel dabei unterstützen. Verleimungen der Flügel mit dünnen, durchgehenden Schrauben (M 6) mit großen U.- Scheiben (!) sichern.

82

Bohrungen für dicke Schrauben schwächen das Holz unnötig. Bedenke immer, wie das Holz bei Überlastung spalten würde: Nie 2 Schrauben in einer Linie der Flügel - Maserung und am Naben-Ende des Flügels nicht zu weit seitlich. Schrauben und Bohrungen gut mit Leinölfirnis einstreichen, sie rosten dann nicht im Repeller.

Flügel festzwingen,

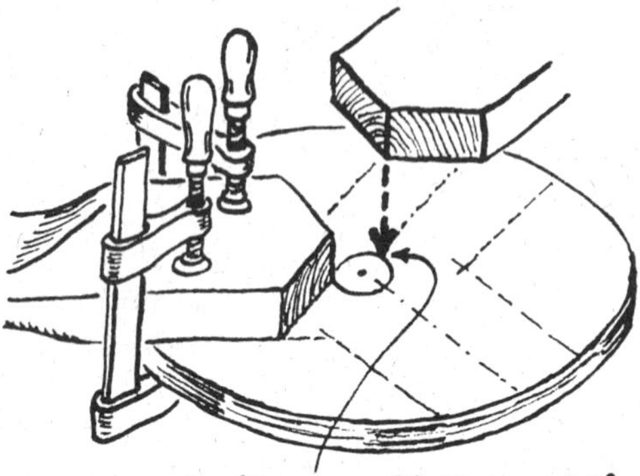

1 cm Luft zum Mittelpunkt!

Repeller umdrehen, Ausrichtung prüfen, mit Schrauben sichern.

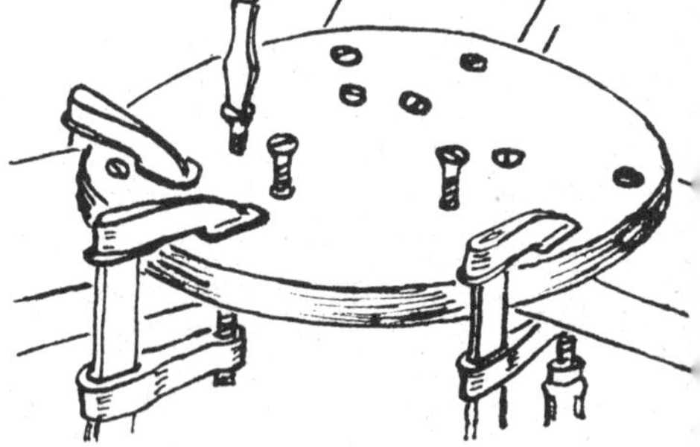

Fixierte Flügel auf 2. Scheibe leimen:

Zwingen-Druck verteilen!

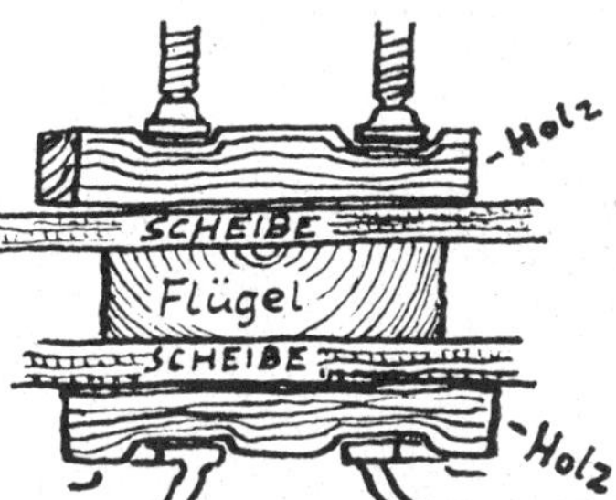


sonst: Dellen im Repeller und schlechte Leimung!

Flügelenden unterstützen, sonst:

Folge: nach dem Leimen verzogen!

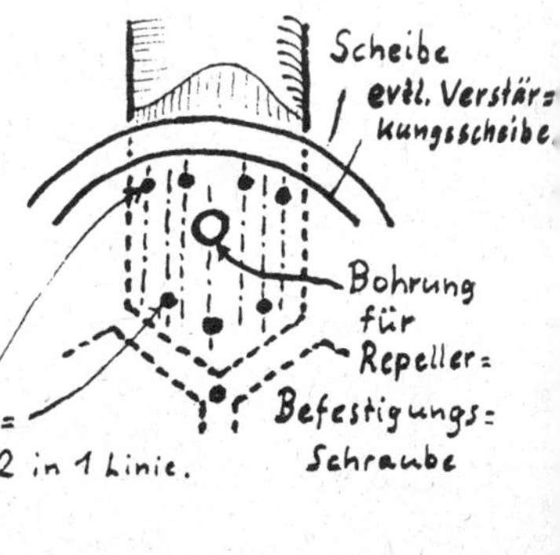

# Lichtmaschinen und Schaltungen

## Werksmäßige LiMa-Schaltungen:

Statt Regler (der nicht ans Windrad darf – s. S. 56) ist, wie am Windrad nötig, Direktverbindung für den Feldspulen-strom eingezeichnet („D+ → „DF"), und zur Vormagnetisierung Ladekontroll-Lampe und Schalter (im Auto Zündschloß, am Windrad Winddruckschalter, s. S. 89).

**A.**

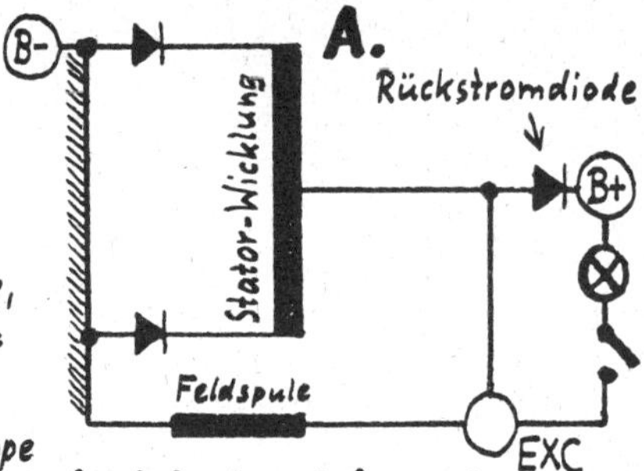


A: **Wechselstromlima** in Gegentaktschaltung mit Rückstrom-Diode (2 CV).

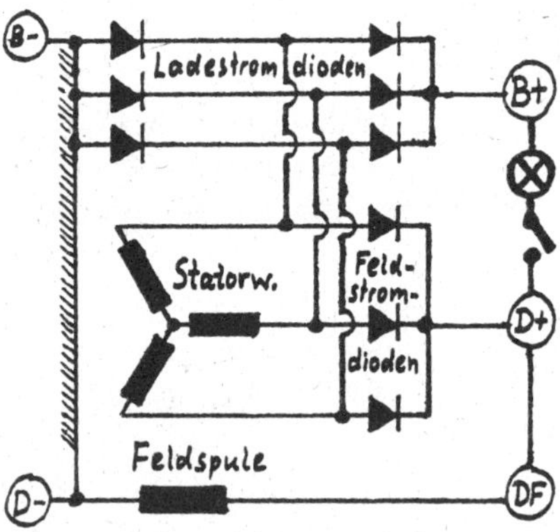


B: **DrehstromliMa**, Sternschaltung, 3 Dioden extra für den Feldstrom (z.B. Bosch 14V 35A, 45A, 55A u.a.)

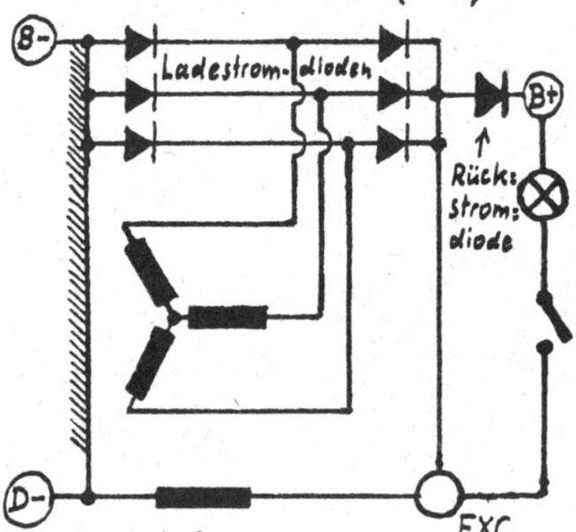


D: **DrehstromliMa**, Sternschaltg., Feldstrom über Ladestromdioden, Rückstromdiode (viele französ. LiMas)

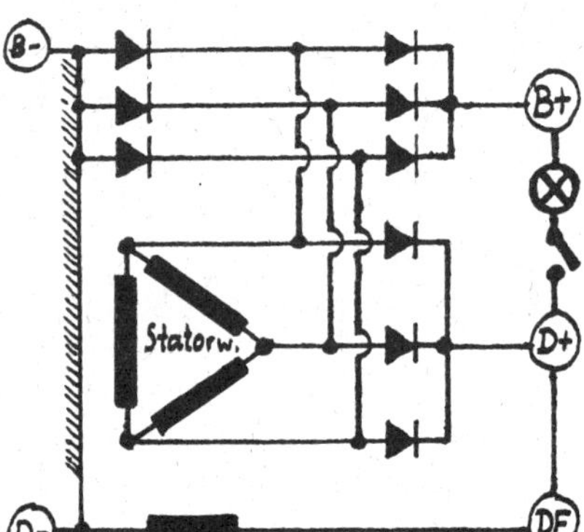


C: wie B, jedoch Dreieckschaltung

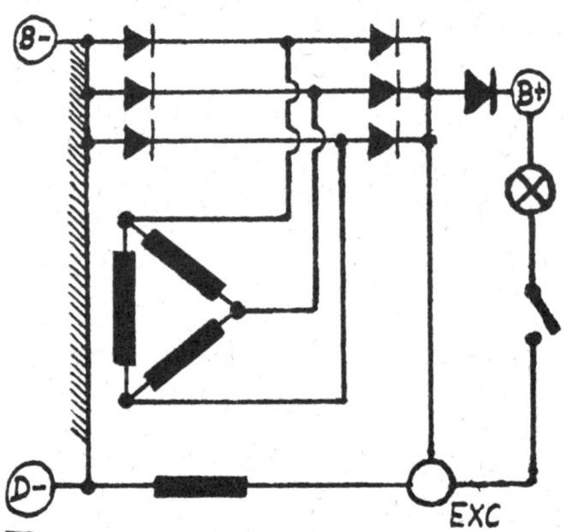


E: wie D, jedoch Dreieckschaltung

## Werksmäßige Schaltungen von LiMas:

Wechselstrom-LiMas habe ich bisher nur mit Gegentaktschaltung (Schaltung A) gefunden. Bringt schlechten Wirkungsgrad (s.S. 92 )! Auf Einphasenschaltung mit Brückengleichrichter (Schaltungen 1-5, S. 85 ) umbauen.

Drehstrom-LiMas von Bosch haben normalerweise den Stator in Sternschaltung und Zusatzdioden für den Feldstrom (B). Andere LiMas haben manchmal Statore in Dreieckschaltung (C, E), manche Auslands-LiMas haben keine Zusatzdioden für den Feldstrom, stattdessen eine dicke Rückstromdiode, die 5% mehr Verluste macht (A, D und E).

Bleibt der Stator im Dreieck geschaltet, sind die Schaltungen 9 und 10 (S. 87 ) nicht anwendbar. Der Betrieb mit Rückstromdiode (und Winddruckschalter oder Rombach-Schaltung) ist nur eine Notlösung, wenn keine Dioden aufzutreiben sind. Sonst umbauen auf Schaltung B oder C, wenn nicht sowieso Extra-Dioden für die Feldspule nötig sind (Schaltung 1-8 und 10). Alle werksmäßigen Schaltungen passen zu Rombach-Schaltung und Winddruck-Schalter!

## Geänderte Schaltungen von LiMas:

Volle Spannung an der Feldspule haben die Schaltungen A-E, 1, 5, 6. Das bringt höchste Leistung, niedrige Ladebeginndrehzahl, aber schlechten Wirkungsgrad.

Verringerte Spannung an der Feldspule haben die übrigen Schaltungen, dadurch einen besseren Wirkungsgrad, aber weniger Leistung und manchmal höhere Ladebeginndrehzahl (aber nicht immer!). Symmetrische Belastung der Wickelung verbessert den Wirkungsgrad mehr als unsymmetrische. Die unsymmetrischen Schaltungen haben trotzdem ihren Sinn. z.B. um Schottky-Dioden zu sparen, für Selbsterregung mit Rombach-Schaltung oder Winddruckschalter, usw..

R = für Rombach-Schaltung geeignet
⊗ = für Winddruckschalter geeignet
⊗⊗ = nur mit 2.Glühbirne für Winddruckschalter geeignet
!! = Feldspule-Minus-Kohlebürste muß vom Gehäuse getrennt werden (s.S. 8 )!

1: R, ⊗. Unempfindliche Schaltung mit Siliziumdioden, volle Feldspannung.

2: R, ⊗. Unempfindliche Schaltung mit Siliziumdioden, Feldspannungsmittelwert ca. 2/3-5/7 der Ladespannung, da eine Halbwelle fehlt. Stark pulsierend, muß mit ElKo mind. 200 µF geglättet werden. Eine gewisse Anpassung ist durch Vergrößern des ElKos (bis ca. 2000 µF) möglich. Unsymmetrische Belastung!

3: ⊗⊗, !!. Mit Silizium-Diode unempfindlich, aber Winddruckschalter nötig. Gedacht für Schottky-Diode, sonst wie Nr. 2, dann aber mindestens Silizium-Schutzdiode parallel zur Feldspule, besser Schutzschaltung (s.S. 91 ), denn bei Wechselstrom-LiMas habe ich extreme Spannungsspitzen beobachtet.
Da der Feldstrom nicht mehr über 2 Dioden muß, noch etwas besserer Wirkungsgrad und etwas höhere Leistung als Nr.2!

4: R, ⊗⊗, !!. Mit Silizium-Dioden unempfindlich, aber bei manchen LiMas Selbsterregung nur mit Schottky-Dioden befriedigend (Ursache Eisen-Sorte). Feldspannung verringert um einen durch die Lage der Anzapfung festgelegten Wert. Wickeln umständlich. (s.S. 92 ). Auch für 12/24-V-LiMas. Beste Wirkungsgrade erreichbar, symmetrische Belastung.

5: !!. Selbsterregung mit Schottky-Dioden. Volle Feldspannung. Achtung, Spannungsspitzen, s. Nr. 3! Gleichwertig ist die unempfindliche Schaltung Nr. 1 mit Rombach-Schaltung.

# Schaltungen 1-5 für WechselstromliMas am Windrad



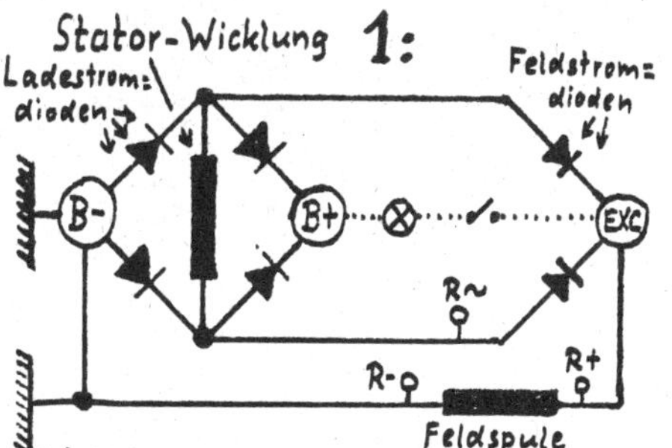


Volle Feldspannung über Extra-Dioden für den Feldstrom

Spannungsverlauf an der Feldspule sieht so aus:

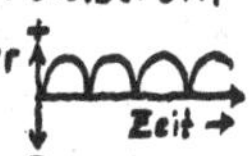


Lima stets in Einphasenschaltung mit Brückengleichrichter für den Ladestrom schalten (Wirkungsgrad, s.S. 92).

Die Feldstromversorgung ist variabel.

**ACHTUNG!** Bei Schaltungen 3-5 UNBEDINGT Verbindung von Feldspule=Minus-Kohlebürste zum Gehäuse TRENNEN, sonst Kurzschluß!

R~, R+, R-: Rombachschaltung (S.89) kann hier angeschlossen werden.

....⊗...-/-... : Winddruckschalter zur Vorerregung kann hier angeschlossen werden.

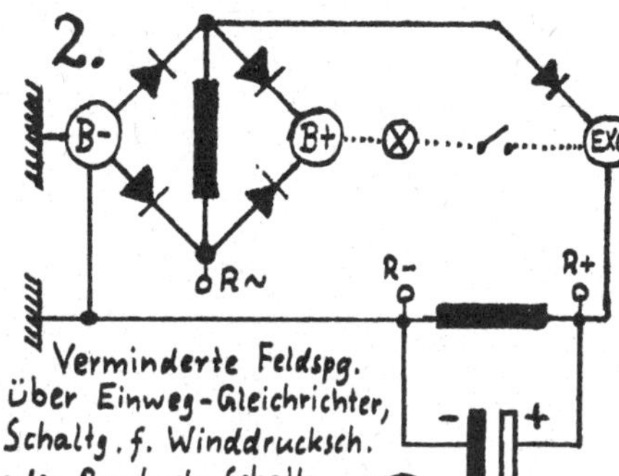


Verminderte Feldspg. über Einweg-Gleichrichter, Schaltg. f. Winddrucksch. oder Rombach-Schaltg.

Spannungsverlauf ohne / mit Kondensator:

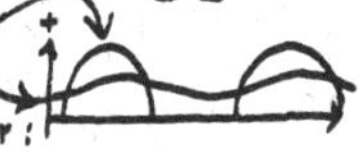


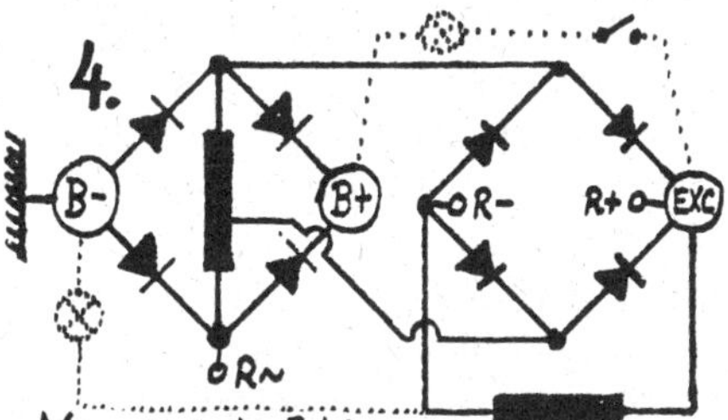


Verminderte Feldspg. aus angezapfter Wicklung über Extra-Brückengleichrichter. Notfalls Winddruckschalter (2 Glühb.) möglich, wenn Rombachschaltung alleine keine Selbsterregung bringt.

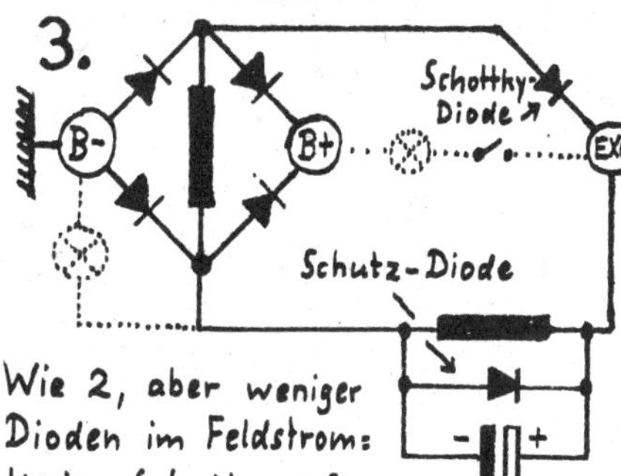


Wie 2, aber weniger Dioden im Feldstromkreis, Schaltung für Schottky-Diode. Spannungsverlauf wie 2.

Notfalls für Winddruckschalter (2 Glühbirnen nötig)

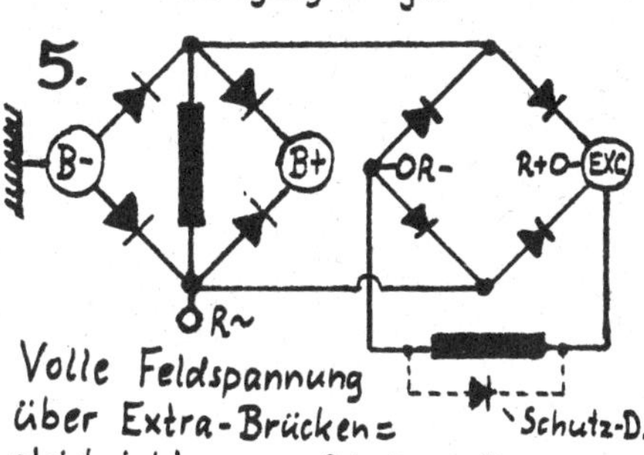


Volle Feldspannung über Extra-Brückengleichrichter aus Schottky-Dioden.

Wenn der noch keine Selbsterregung bringt, ist zusätzlich Rombachschaltung oder notf. Winddruckschalter (wie bei 3, 2 Glühb.) möglich.

# (86) Schaltungen 6-10 für DrehstromliMas am Windrad

**ACHTUNG!!** Bei all diesen Schaltungen (6-10) immer die Verbindung von der Feldstrom-Minus-Kohlebürste zum Gehäuse trennen, sonst fließt der Ladestrom den viel bequemeren Weg über die Feldstrom-Schottky-Dioden nach „B-" und überlastet sie sofort (Schaltg. 6) oder kann ganz verbotene Wege fließen (Kurzschluß) (Schaltung 7-10).

R~, R+, R-: Anschlußmöglichkeit für Rombach-Schaltung

…⊗-⌐-…, …⊗…: Anschlußmöglichkeit für Winddruckschalter (2 Glühbirnen nötig).

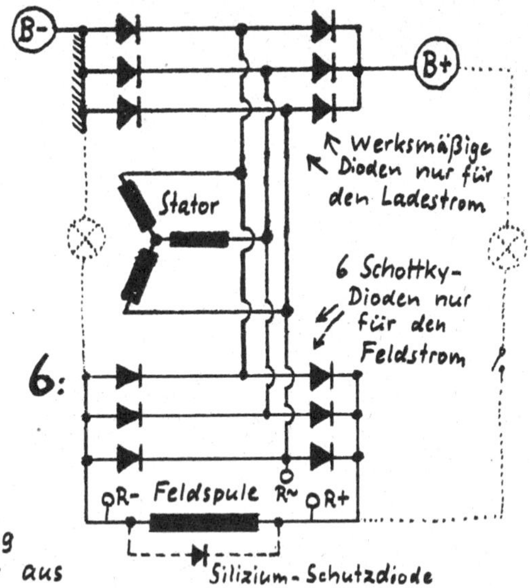


**6.: Volle Feldspannung** über Voll-Brückengleichrichter aus 6 Schottky-Dioden nur für den Feldstrom. Wenn das zur Selbsterregung nicht reicht, zusätzlich Rombachschaltung oder Winddruckschalter möglich. Wirkungsgrad nicht besser als Werks-Schaltungen B u. C.

6: !!. Selbsterregung mit Schottky-Dioden. Volle Feldspannung. Drehstrom-LiMas haben schwächere Spannungsspitzen, Schutzschaltung nur bei schwachen Dioden nötig.

7: ⊗⊗, !!. Feldspule kriegt Strom aus 2 Phasen über Einweg-Gleichrichter. Mit Silizium-Dioden unempfindlich, aber nur mit Winddruckschalter brauchbar. Wenn nur eine Feldstrom-Diode eine Schottky-Diode ist, selbsterregend! Gegen Spannungsspitzen Silizium-Schutzdiode parallel zur Feldspule. Ohne ElKo evtl. nicht selbsterregend. Stark pulsierende Feldspannung wird durch ElKo mehr oder weniger geglättet (200...2000 µF), dadurch regelbar. Unsymmetrische Belastung. Verglichen mit Schaltungen mit voller Feldspannung (B, C und 6) ist die Leistung ca. 10-20% niedriger, der Wirkungsgrad bei niedrigem Ladestrom deutlich besser, bei hohem Ladestrom gleich oder etwas niedriger. Das paßt gut zur Repeller-Kennlinie!

8: R, ⊗⊗, !!. Feldspule kriegt Strom aus 2 Phasen über Brücken-Gleichrichter. Mit Silizium-Dioden unempfindlich. Mit Schottky-Dioden beachte Spannungsspitzen, s.Nr. 7. Mit ElKo (0...1000 µF) regelbar. Unsymmetrische Belastung, Effekt zwischen dem von Nr. 7 und 9.

9: ⊗⊗, !!. Nur für Sternschaltung. Beste Schaltung ohne Sonderwicklung, 2/3 Feldspannung. Mit Elko (0...5000 µF) gut regelbar. Symmetrische Belastung. Effekt S. 15.
Mit Schottky-Dioden selbsterregend und dennoch recht unempfindlich, da geringste Spannungsspitzen. Noch unempfindlicher mit Silizium-Schutzdiode parallel zur Feldspule. Besonderheit: Falls an (schlechter) Werksschaltung D und mit Winddruckschalter angewendet, keine Zusatzdioden nötig: Feldspule Plus wie werksmäßig anschließen, Feldspule Minus an Sternpunkt. Effekt: Trotz Verlusten an der Rückstromdiode erheblich besser als Schaltung B und 6.

10: R, ⊗⊗, !!. Wie Nr. 4, jedoch für Drehstrom-LiMas

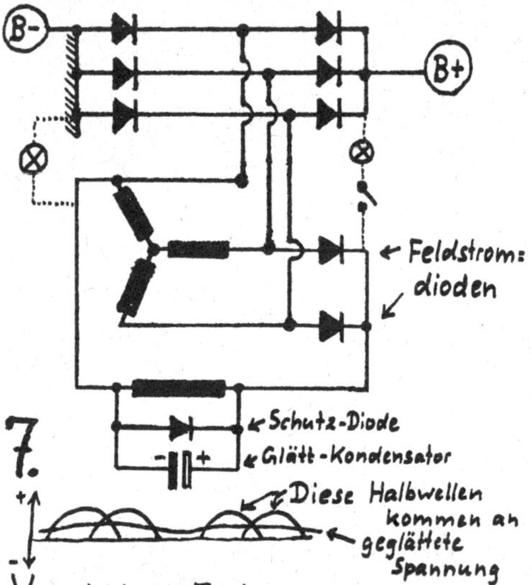


7.

Verminderte Feldspannung durch Einweg-Gleichrichter aus 2 Phasen.

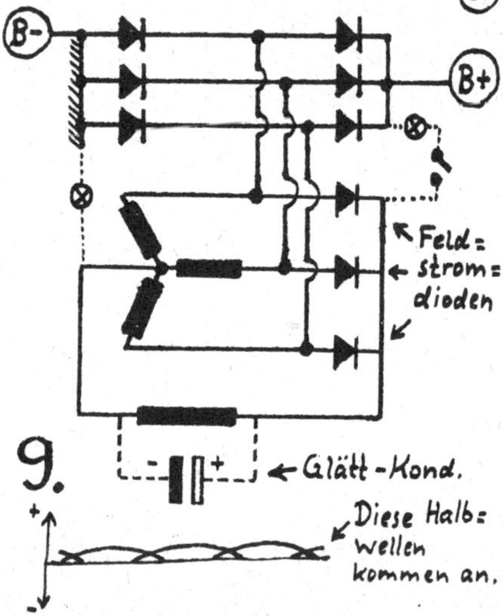


9.

Verminderte Feldspannung durch Einweg-Gleichrichter aus 3 Phasen zum Sternpunkt.

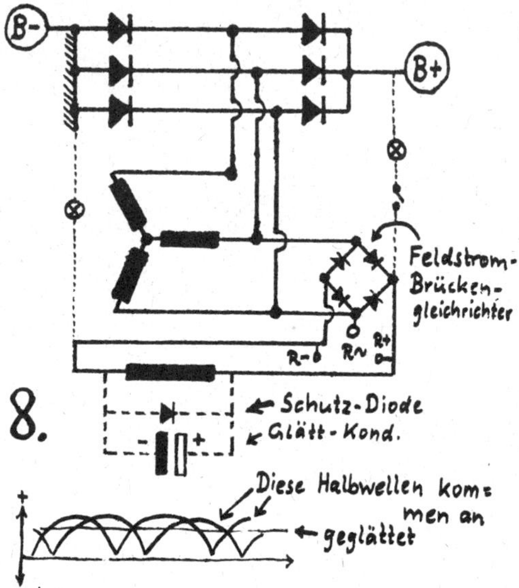


8.

Verminderte Feldspannung durch Brückengleichrichter zwischen 2 Phasen.

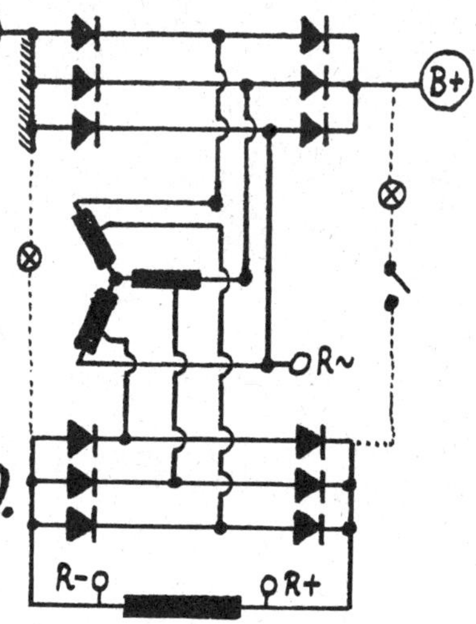


10.

Verminderte Feldspannung aus Anzapfungen an den Wicklungen über Voll-Brückengleichrichter.

## (88) **Stroboskopscheibe** als Drehzahlmesser zum LiMa-Prüfen!

Abkopieren, auf Blech od. Pappe kleben, hier auf die Kupplung schrauben, in regelbare Bohrmaschine spannen, langsam beschleunigen. Nur mit Atom-Licht (möglichst Neon) beleuchten.

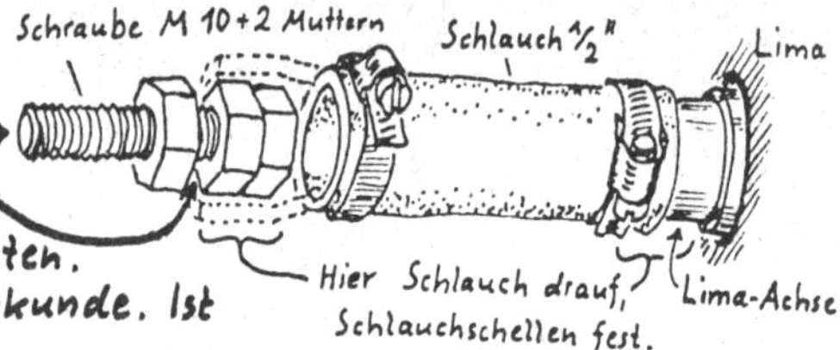


Es hat 100 Lichtblitze (=50 Hz) pro Sekunde. Ist die Drehzahl so hoch, daß sich genau 1 Feld weiter= ein Ring zwischen 2 Blitzen dreht, scheint dieser Ring stillzuste= hen, z. B. bei 333 U/min der:

(Ring für ... U/min.)

**Ladebeginn** prüfen: LiMa mit Batterie und „Winddruckschalter"-Schal= tung (ohne Schalter) verbinden, Ampèremeter zwischen LiMa und Batt.. Antreiben bis zur Magnetisierung, dann so schnell (oder langsam), daß noch minimal Ladestrom angezeigt wird (≥ 0,2 Ampère).

**Selbst= erregung** prüfen s. S. 89/90

Wenn z. B. bei Schaltung 9 (S.56/87) über 150 U/min über Ladebeginn-Drehzahl (Ursache: Eisensorte mancher LiMas), lieber z. B. Schaltung 8 mit Schottky-Dioden und zusätzlich Rombach-Schaltung wählen.

# Schaltungen zum Vormagnetisieren oder Selbsterregen der LiMa:

## Winddruckschalter: (vgl. S. 8)

Allereinfachste Technik, aber störanfällig. Ausführung: Platte drückt bei Wind zwei Blechstreifen so zusammen, daß sie aneinander reiben (verhindert Oxidation). Außerhalb des Repeller-Windschattens anbringen, sonst bei Stillstand zu frühes, bei Lauf zu spätes Schalten! Schaltung wie im Auto (s.S. 83), anwendbar für LiMa-Schaltungen A-E, 1, 2. Bei den LiMa-Schaltungen mit vom Gehäuse getrennter Feld-Minus-Kohlebürste nur mit zweiter Glühbirne verwendbar, die zugleich Lade-Anzeige sein kann.

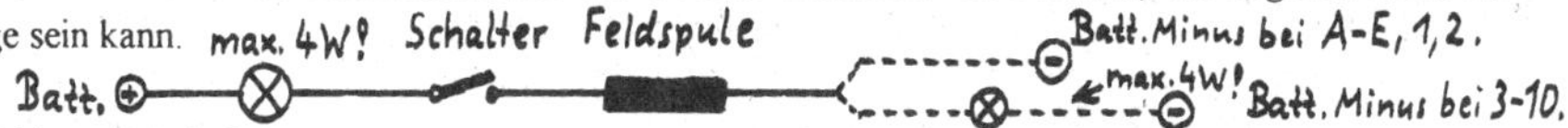


Glühbirnen mind. für Batterie-Spannung, aber mit möglichst wenig Watt nehmen. (Probieren!)

## Rombach-Schaltung: (vgl. S. 8)

Einfache Technik, ohne Halbleiter, zuverlässig, robust. LiMa wird bei ca. 50...100 U/min über Ladebeginndrehzahl ruckartig selbsterregend.

Anwendbar bei allen LiMa-Schaltungen, bei denen beide Anschlüsse der Feldspule durch Dioden vom Stator getrennt sind (B-E, 1, 2, 4, 8, 10). Bei den Schaltungen A, 3, 7 und 9 kriegt ein ElKo Wechselstrom und geht kaputt (außer bei kurzem Versuch). ElKos für mind. 63 Volt nehmen, möglichst Ausführung "schaltfest".

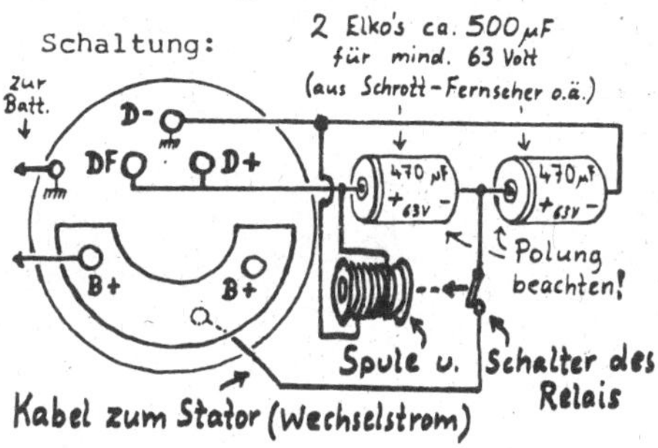


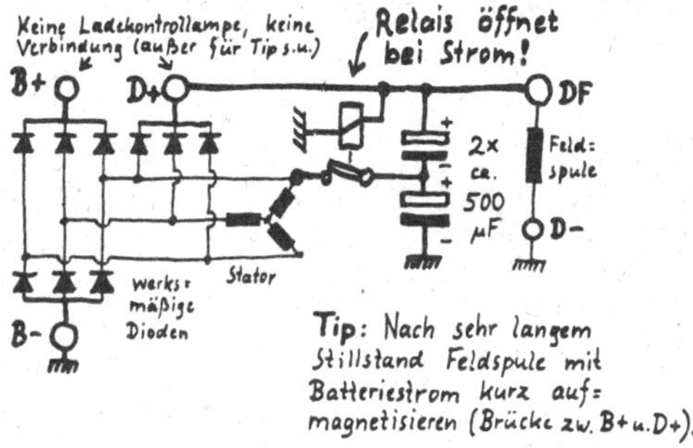


Achtung: Fließt beim Laden noch Strom zwischen Stator und ElKos hin und her, wird der Wirkungsgrad superschlecht! Sobald die LiMa sich erregt hat, muß ein Relais die Verbindung trennen, z.B. das vom mechanischen LiMa-Regler mit lasch gebogener Rückstellfeder, damit es schon bei ca. 6 V abschaltet. Relaisspulen mit hohem Stromverbrauch stören die Selbsterregung, kleine Relais sind hier besser.

Weitere Möglichkeiten:
- Schottky- (oder Germanium-) Dioden statt der Silizium-Dioden für den Feldstrom (s.S. 8 )
- Kleine Dauermagneten ins Polrad einsetzen (s.S. 8 ), dann funktionieren alle Schaltungen mit Silizium-Dioden.

## Selbsterregung der Lima prüfen:

Batterie anschließen, Schnur um Achse wickeln, dran ziehen. Das erste Mal langsam, dann jedes Mal schneller, bis Selbsterregung kommt: LiMa wird plötzlich schwergängig und summt.

Die Rombach-Schaltung ist sogar so unempfindlich, daß bei dieser Probe keine Batterie angeschlossen sein muß.!

Selbsterregung bei ca. 100 U/min über Ladebeginndrehzahl macht nichts, denn die noch nicht magnetisierte LiMa bremst nicht und läßt den Repeller schon so schnell laufen, wenn der Wind zum Laden noch zu schwach ist. **Achtung: Wickel- und Schaltfehler stören die Selbsterregung!**

Genaue Probe mit regelbarer Bohrmaschine und Stroboskopscheibe.

## LiMa aufmagnetisieren:

Manche LiMas verlieren bei wochenlangem Stillstand so viel Restmagnetismus, daß sie sich erst bei hoher Drehzahl selbsterregen. (Ursache: Eisensorte). Abhilfe: Einen Moment lang starken Strom aus der Batterie durch die Feldspule schicken. Bei LiMas ohne Schottky- oder Germanium-Dioden einfach Glühbirne 21 W zwischen B + und Feldspule-Plus. Wenn nötig, auch Feldspule-Minus mit Gehäuse verbinden. Bei LiMas mit empfindlichen Halbleitern vorher die Diodenschaltung von beiden Anschlüssen der Feldspule trennen! Dann alles rückgängig machen und Windrad laufen lassen.

# Weitere Zusatzschaltungen zur LiMa

## „2-Stufen-Automatik" für alle LiMas mit pulsierendem Feldstrom:

**Als Umschaltautomatik baue ich Niro - Blechstreifen ans Lüfterrad (Zeichnung). Nieten mit dünnem Schaft und großem Flachkopf, besser große Unterlegscheiben, sonst Bruchgefahr der Streifen am Niet. Bei hoher Drehzahl beulen sich die Streifen nach außen, schleifen am Gegenkontaktblech, das Relais kriegt Strom ( geglättet mit dem ElKo, damit es nicht rattert) und schaltet den Kondensator zu.**

## Fliehkraft-Schalter:

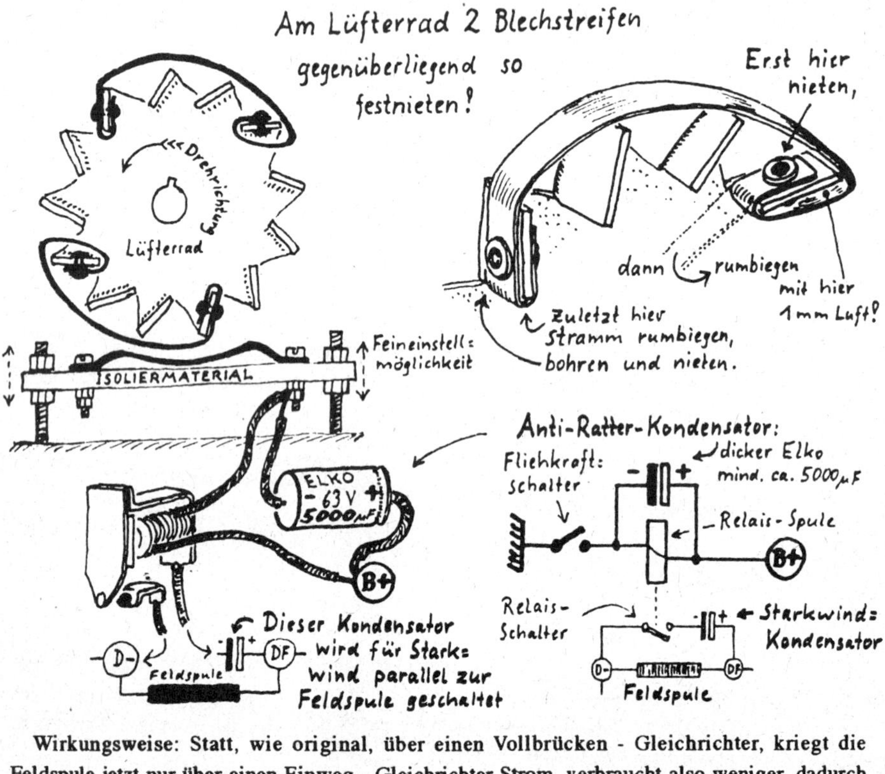


**Wirkungsweise: Statt, wie original, über einen Vollbrücken - Gleichrichter, kriegt die Feldspule jetzt nur über einen Einweg - Gleichrichter Strom, verbraucht also weniger, dadurch**

läuft die LiMa deutlich leichter, leistet aber auch weniger. Der Wirkungsgrad ist besser als beim Original, die Ladebeginn - Drehzahl fast unverändert: Schaltung für Schwachwind.

Bei höherer Drehzahl wird der Kondensator zugeschaltet: Er glättet die Strompulse aus dem Einweg - Gleichrichter, so kriegt die Feldspule Strom ähnlich wie aus dem Original - Brückengleichrichter, aber hat mieseren Wirkungsgrad. Die LiMa hat jetzt nahezu volle Leistung und läuft entsprechend schwerer. Gut bei starkem Wind. Der miesere Wirkungsgrad macht nichts, denn der Repeller ist dann sowieso unterfordert. Verwendest Du Schottky - Dioden, wird die LiMa gleichzeitig selbsterregend.

## Schutzschaltung für empfindliche elektrische Teile:

Beim Leerlauf (ohne Batterie) entsteht in der LiMa bei Böen leicht das 4-fache der Ladespannung. Polrad und Dioden können durchbrennen, wenn einen Moment lang keine Batterie angeschlossen ist!

Kleine Wackelkontakte oder Funken vom Zu- oder Abschalten einer Last bei angeschlossener Batterie schaden den werksmäßigen Teilen der LiMa und hochbelastbaren Schottky-Dioden (SB 5-60) nicht, wenn zwischen B + und Gehäuse ein Block- oder MP-Kondensator 3-7 µF angeschlossen ist (manchmal werksmäßig vorhanden) und die schlimmsten Spannungen schluckt.

Empfindlichere Schottky-Dioden (SB 5-40, BYS 26-45 o.ä.) und die meisten Germanium-Halbleiter können auch dann noch bei Spannungsspitzen durchbrennen.

Diese Schutzschaltung, zusätzlich zum Blockkondensator, schützt gegen jegliche Überspannung:

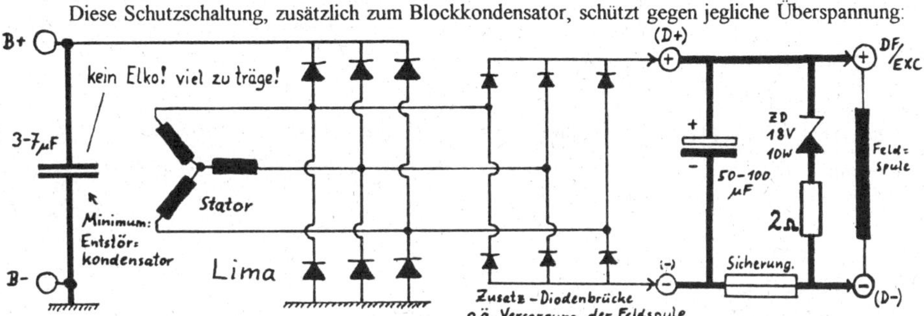


ElKo gegen Spitzen, Zenerdiode wird bei Überspannung leitend, dann fließt Überstrom, Sicherung brennt durch. Da Sicherungen oft mehr aushalten als draufsteht, schwächere Sorte als für den Feldstrom passend nehmen!

Nachteil: Ist die Sicherung durchgebrannt, erzeugt die LiMa keinen Strom mehr, der Repeller rast ungebremst! In stürmischen Gegenden nur zusammen mit auf Überdrehzahl reagierender Sturmsicherung gut!

## Ladeanzeige-Lampe (brennt, sobald LiMa Strom erzeugt):

kann irgendwo an der LiMa angeschlossen werden, wo kein Strom aus der Batterie durch die Birne fließen kann. Birne mit möglichst wenig Watt (Verluste, Selbsterregung wird gestört) und mit viel zu hoher Spannung nehmen, sie brennt sonst leicht durch. Wo Ladespannung für 12 V anliegt, z.B. 24 V 1-2 W-Birne oder 19 V-Birne (z.B. aus Weihnachts-Lichterkette) nehmen. Bei Drehstrom-LiMas ist der günstigste Anschluß zwischen einer Feldstromdiode und Sternpunkt: Weil da verminderte Spannung anliegt, brennen Birnen für Ladespannung (z.B. 12 V) nicht durch. Bei vielen Schaltungen ist der werksmäßige "D+"-Anschluß unbenutzt und gut für die Ladeanzeige.

# Sonderwicklungen &-schaltungen in der LiMa

## Parallel gewickelt, im Gegentakt geschaltet:

Üblich werksmäßig bei Wechselstrom-LiMas, spart 2 Dioden (weil Leistungs-Dioden früher teuer waren) und ergibt weniger Leistungsverlust an den Dioden (nur 1x "Staudamm-Effekt", 0,7 V statt 1,4 V verheizt). Bei werksmäßigen Schaltungen mit Rückstrom-Diode vernichtet diese den Spar-Effekt sogar wieder! Die Schaltung sieht so aus:

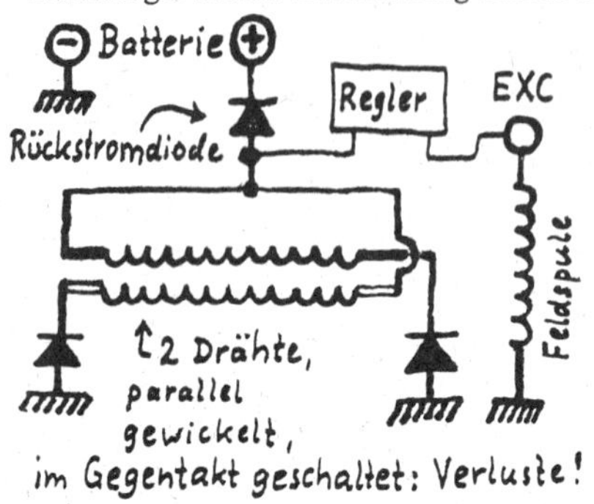


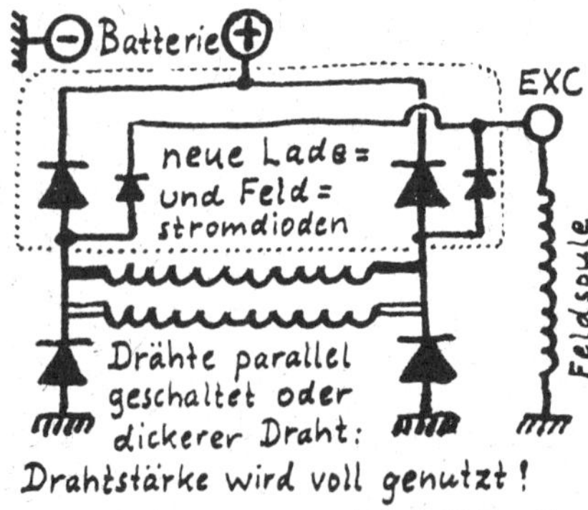


Nachteil: Die Wicklung ist nur halb genutzt, denn aus jedem Draht kommt nur jede 2. Halbwelle durch die Diode. Für vollständigen Strom sind daher 2 Drähte nötig, die entsprechend dünn sind. Folge: Hohe Verluste in der Wicklung, bei umgewickelter LiMa (noch dünnerer Draht) auf jeden Fall höher als die Verluste an zusätzlichen Dioden! Einphasenschaltung mit Brückengleichrichter verwenden (s.S. **85** und S. **96**).

## Wicklung mit Anzapfung für beliebige Feldspannung:

Aus einer Anzapfung mitten in der Wicklung können wir niedrigere Spannung zur Versorgung der Feldspule rausholen, Prinzip "Spartrafo". Beispiel für Wechselstrom-LiMa:

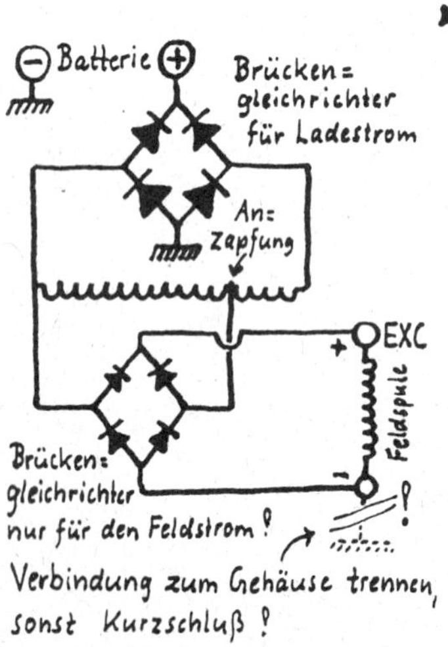


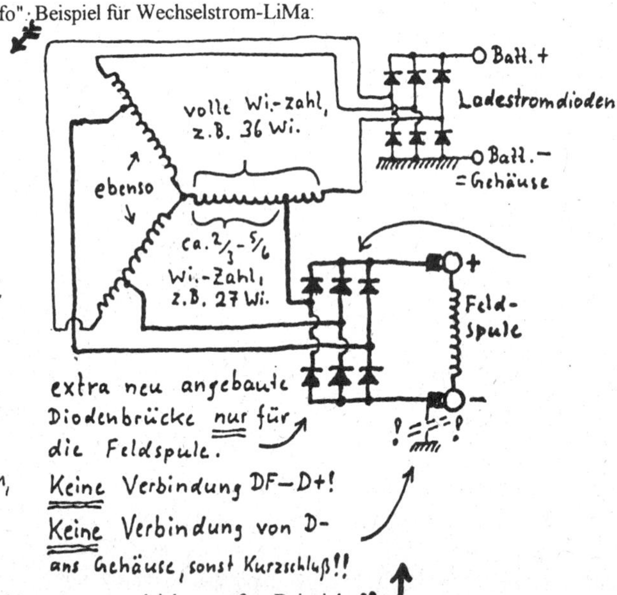


Bei Drehstrom-LiMas alle 3 Wicklungen genau gleich anzapfen, Beispiel:

Effekt ähnlich wie auf S. 15, aber Schaltung und Wicklung sind komplizierter: Der Teil, der die Feldspule mitversorgt, ist höher belastet als der Rest der Wicklung und sollte aus dickerem Draht gewickelt werden.

Meßergebnisse an einer 35-A-Lima, 36 Wi/Nut volle Wi-zahl (Wellenwicklung):

| Anzapfung für bei Wi-zahl, | Feldstrom = Wi. | Ladebeginn bei U/min | Leistung und Wirkungsgrad 400 | 600 | 1000 | 1200 U/min |
|---|---|---|---|---|---|---|
| 2/3 | 24 | 400 | 3 W, ? % | 40 W, 49% | 100 W, 46% | 115 W, 42% |
| 3/4 | 27 | 375 | 7 W, 20% | 50 W, 46% | 115 W, 43% | 125 W, 40% |
| 5/6 | 30 | 370 | 9 W, 20% | 58 W, 43% | 120 W, 40% | 140 W, 38% |
| Vergleich: 1/1 = normal | 36 | 345 | 12 W, 18% | 62 W, 35% | 143 W, 36% | 160 W, 33% |

# Lima für 12 und 24 Volt:

Dauermagnetgeneratoren (s.S. 94) sind, da sie keine Feldspule haben, problemlos für 12 und 24 V verwendbar. Bei einer LiMa darf die Feldspule nicht mehr Spannung kriegen, als werksmäßig vorgesehen: Also bei einer LiMa 14 V....A (zum Laden von 12-V-Batterien) höchstens 14 V, auch wenn wir eine 24-V-Batterie (mit 28 V) laden wollen. Das geht mit einer Wicklung mit Abgriff bei halber Windungszahl. Prinzip s.o., Beispiel für Bosch-14V-35A-LiMa:

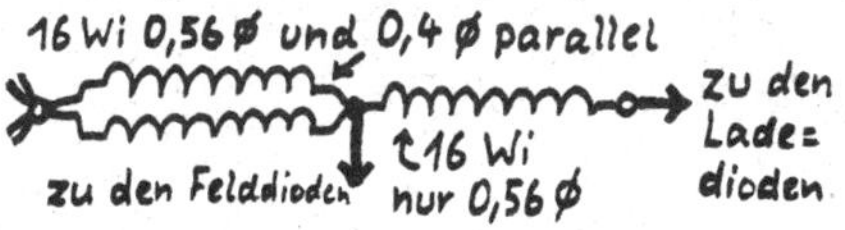


| | Ladebeginn bei U/min | max. Leistg. | max. Wirkgrad | opt. Rep.-∅ |
|---|---|---|---|---|
| an 12 V | 300 | 60 W | 60% | 1,4 m |
| an 24 V | 350 | 160 W | 37% | 1,8 m |

Mit dieser LiMa können wir eine 24-V-Batterie mit hoher Leistung laden, ein 12-V-Batterie mit wenig Leistung, aber extrem hohem Wirkungsgrad, also schon bei sehr schwachem Wind. Ein Batterie-Umschalter für 12-24 V sieht so aus:

Einfach:

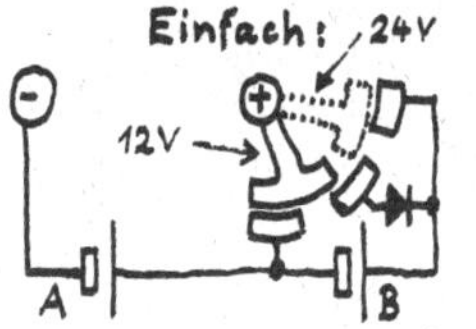


12 V: nur Batt. A laden!
24 V: beide Batt. laden.

Der Kontaktfinger berührt stets einen oder zwei Kontakte, nie keinen, dadurch ist das Windrad stets angeschlossen - vgl. Umschalter S. 70. Dicke Kontakte! Die Mittelstellung über die dicke Diode verhindert Kurzschluß beim Umschalten!

Extra prima: Dieser doppelte Umschalter schaltet beide Batt. parallel oder in Reihe!

Beide Kontaktfinger müssen genau synchron laufen!

# LiMa für Hochspannung:

Die Feldspule darf nach wie vor höchstens Original-Spannung kriegen (z.B. 12-14 V). Für den Ladestrom könnte man nach dem Prinzip der 24-V-LiMa ganz viele Windungen aus ganz dünnem Draht wickeln, einfacher ist es, den Ladestrom gar nicht erst gleichzurichten, sondern hochzutransformieren. 2 Möglichkeiten gibt es:

- Normale Trafos verwenden, z.B. die für Halogenlampen üblichen "rückwärts" benutzen, am besten Ringkerntrafos (hoher Wirkungsgrad).
- aus Kondensatoren und Dioden eine "Hochspannungs-Kaskade" bauen (s. S. 94!). Vorteil: Arbeitet unabhängig von der Frequenz des Stromes, bei Schwachlast (und das ist an den meisten Tagen) besserer Wirkungsgrad als Trafos. Nachteil: Verluste an den Dioden (Staudamm-Effekt); je niedriger die Spannung aus der LiMa, umso störender! Daher LiMa möglichst auf 24 V umwickeln.

Mehr Informationen bei Rainer Trimborn, der mit solchen Schaltungen am Windrad viel Erfahrung hat. Adresse: R.Tr., Schwarze Hörn 22, 26409 Wittmund-Buttforde.

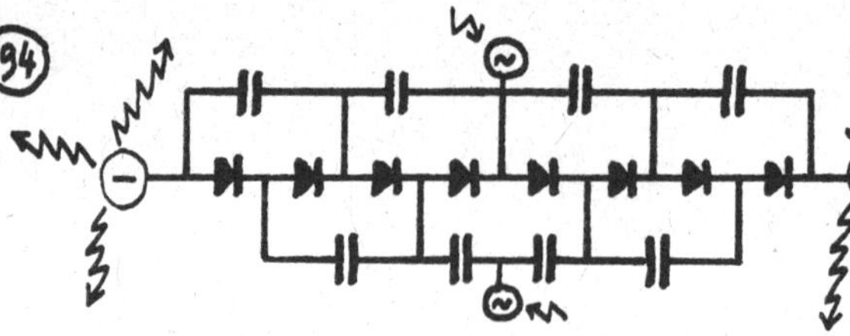

Leistungsfähige „Trimborn"-Kaskade (hier: Ver-8-facher), pfiffige Kombination aus Delon-Schaltung (leistungsfähiger Verdoppler) und Villard-Schaltung (nicht für Leistung geeigneter Vervielfacher).

Hinweis: Viele Leute versuchten, das Umwickeln zu sparen, indem sie die niedrige Spannung aus der Original-LiMa mit Kaskadenschaltungen erhöhen wollten. Der Mißerfolg ist wegen der Dioden-Verluste vorprogrammiert, Wirkungsgrad bestenfalls ca. 15%.

## Dauermagnet-LiMa !

Fällt der Stromverbrauch der Feldspule weg, gibt die LiMa schon bei der geringsten Drehung Strom ab. Erfolg: Allerbester Wirkungsgrad ( durchaus 80% und höher möglich), Ladebeginn schon ab 150 U/min erreichbar! Nachteil: Gute Anlaufhilfe nötig, da das Polrad auch bei Stillstand magnetisch ist. Einfacher Umbau einer LiMa (Öffnen des Polrades, Feldspule raus, Magnet aus altem Lautsprecher und Plastikbuchse gegen „magnetischen Kurzschluß" rein) bringt nur ca. 20 W Höchstleistung, also erfolglos. Ohne aufwendige Mechanikerarbeit geht es nicht, aber so:

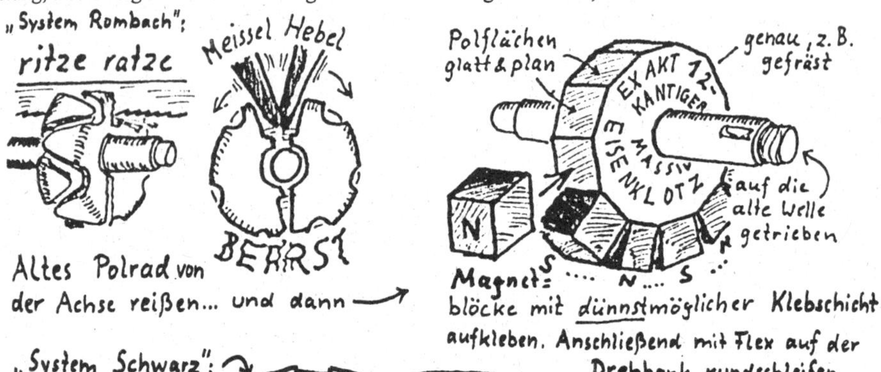


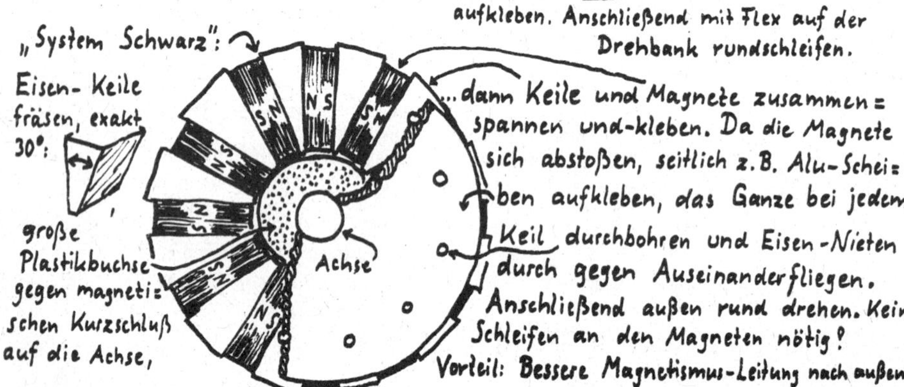


Wolfgang Schwarz, Am Bubengarten 6, 57489 Drolshagen-Schlade, bastelt individuell und sehr pfiffig an Dauermagnetgeneratoren (Einzelstücke), während Peter Rombach (Adr. S.75 ) den Bau standardisiert hat. Er nimmt als Rohlinge für seine Dauermagnet-Generator-Typen neue robuste Industriemotoren. Trotz viel höherer Leistung, als mit dauermagnetbestückten LiMas errreichbar ist, haben seine Generatoren ein so geringes Anlaufdrehmoment, daß sie sich auch für Direktantrieb-Windräder nach diesem Heft eigenen (Tab. S.23).

# Messungen an LiMas, passender Repeller-Ø.

Bereich mit höchstem Wirkungsgrad: x ↑ x   x 48 x   x z.B. 48% Wirkungsgrad

S = Schleifenwicklung 1, von Hand, s.S. 12/98.
W = Wellenwicklung von Hand, s.S. 13/50/98.
Z = Zopfwicklung mit Schablone, s.S. 14/101.

LKL = Ladekontrollampe wie im Auto
RS = Rombach-Schaltung (S. 89)
SD = Schottky-Dioden (S. 8/89)

1,2 = Repeller ist nicht ausgelastet (s.S. 22)
↑ beim höchsten Meßwert ausreichender Repeller-Ø

? = nicht gemessen. Ü = Prüfstand überlastet.
~170 = ungenauer Meßwert.

| LiMa-Type | Windungen pro Nut | ...fache Windungszahl | Drahtstärke mm Ø evtl. mehrere parallel geschaltet | Wicklungsart | Schaltungsart (S. 83-87) | Kondensator (bei RS immer 2x500 µF hintereinandergeschaltet) | Selbsterregung bzw. Vormagnetisierung | Idealer Repeller ... m Ø | LiMa lädt mit idealem Repeller-Ø mit ... Watt bei ... (3-14) m/sek. Wind: 3 | 3,5 | 4 | 4,5 | 5 | 5,5 | 6 | 6,5 | 7 | 8 | 9 | 10 | 12 | 14 | Bemerkungen: | Messung Nr. ... |
|---|---|---|---|---|---|---|---|---|---|---|---|---|---|---|---|---|---|---|---|---|---|---|---|---|
| WECHSEL-STROM-LiMas: Duc. 22/30 A | 60 | 2,5 | 1,0 | S | 1 | – | LKL | 1,6 | – | – | 2 | 13 | 19 | 25 | 32 | 37 [48] | 43 | 51 | 60 | 70 | 85 | [1,2] ? | Selbsterregung problematisch. Trotz niedriger Wi-Zahl schlechte Kennlinie. Stärkere Type besser. | 1 |
| Duc. 25 A | 82 | 3,7 | 0,9 | S | 1 | | RS | 1,8 | – | 1 | 7 | 12 | 18 [34] | 25 | 32 | 36 | 42 | 54 | 70 | 76 | 90 | [1,25] ? | Nur für Schwachwind. Schlechte Kennlinie. | 2 |
| Ducellier 14 V 35 A | 64 | 4 | ? | S | 1 | – | LKL | 1,8 | – | – | <1 | 6 | 14 | 23 | 32 | 40 | 47 | [38] 59 | 65 | 76 | 85 | [1,35] ? | Gleiche LiMa, umschaltbarer Stator für Testzwecke. Die 35-A-Type hat gute | 3 |
| " 35 | 48 | 3 | ? | S | 1 | – | LKL | 1,6 | – | – | <1 | 6 | 12 | 19 | 29 | 40 | 55 | 69 [46] | 82 | 93 | 120 | [1,25] ? | Selbsterregung und gute Kennlinie bei unter | 4 |
| " 35 | 32 | 2 | ? | S | 1 | – | LKL | 1,45 | – | – | – | – | 1 | 7 | 15 | 25 | 46 | 70 | 90 [52] | 135 | ~170 | ? | 3-facher Wi.-Zahl. ← entspr. umgeschalteter LiMas. | 5 |
| DREH-STROM-LiMas: Bosch 14 V 35 A 20 | 36 | 3 | 0,8 | W | B | | RS | 1,8 | – | – | 2 | 7 | 14 | 20 | 27 | 37 | 48 | 70 | 85 | 110 | 130 | [1,8] ? | Nur bei Schwachwind brauchbar. 3-fache Wi-Z. für volle Feldspannung zu hoch, 2⅔-fach besser. | 6 |
| Bosch 14 V 35 A 20 | 36 | 3 | 3x0,48 | W | 9 | 0 | SD | 1,5 | – | – | >1 | 5 | 12 | 21 | 34 | 40 | 50 [53] | 73 | 88 | 105 | ~130 | ? | LiMa mit 2⅔-facher Wi-Z bei Schaltung 9 zu hochtourig (1,25 m Rep.-Ø, wenig Leistung) | 7 |
| " " 35 " | 36 | 3 | 3x0,48 | W | 9 | 1000 | SD | 1,6 | – | – | >1 | 5 | 13 | 22 | 35 | 46 [45] | 61 | 82 | 102 | 125 | ~160 | ~200 | Kondensator verbessert Leistung und Kennlinie (vgl. Nr. 16-18) | 8 |
| Bosch 14 V 35 A 20 | 32 | 2⅔ | 0,85 | Z | 6 | – | SD | 1,85 | – | – | 1 | 6 | 11 | 18 | 28 | 34 | 43 | 74 | 90 | 120 | ~170 | [1,45] ? | LiMa mit einfacher Wicklung, durchgehend gleiche Drahtstärke, ohne Verbesserung S. 93, trotzdem: | 9 |
| " " 35 " | 32 | 2⅔ | 0,85 | Z | 10 | – | SD | 1,4 | – | – | 2 | 7 | 15 | 20 | 30 | 38 | 51 | 71 | 83 | 100 | 115 | [1,1] ? | Feldspannung: Abgriff bei ½ Wi-Zahl schlecht. | 10 |
| Bosch 14 V 45 A 20 | 28 | 2,8 | 0,9 | W | 6 | – | SD | 1,9 | – | – | – | 4 | 11 | 24 | 34 | 51 | 70 | 100 [37] | 120 | 145 | 190 | [1,65] Ü | Brauchbar für stärkeren Wind. | 11 |
| " " 45 " | 30 | 3 | 0,9 | W | 6 | – | SD | 2,0 | – | – | – | 2 | 10 | 24 | 32 | 49 | 68 [35] | 95 | 118 | 145 | ~190 | [1,65] Ü | Bei vollem Feldstrom bringt 3-fache Wi-Z Verschlechterung gegenüber 2,8-facher! | 12 |
| " " 45 " | 30 | 3 | 0,9 | W | 7 | 500 | SD | 1,7 | – | 1 | 4 | 11 [53] | 23 | 33 | 46 | 59 | 73 | 91 | 109 | 140 | ~175 | ~195 [1,4] | Fast so gut wie Schaltung 9! | 13 |
| " " 45 " | 30 | 3 | 0,9 | W | 8 | 0 | SD | 1,8 | – | – | 1 | 7 | 19 | 32 | 43 | 57 [48] | 70 | 90 | 114 | ? | ? | ? | Wirkungsgrad schlechter als bei Nr. 13+16-18, aber Betrieb mit Rombachschaltung | 14 |
| " " 45 " | 30 | 3 | 0,9 | W | 8 | 500 | SD | 1,9 | – | <1 | 5 | 13 | 22 | 36 | 47 | 60 [43] | 76 | 102 | 122 | 150 | ? | ? | möglich | 15 |
| " " 45 " | 30 | 3 | 0,9 | W | 9 | 0 | SD | 1,65 | – | <1 | 5 | 13 | 24 | 32 | 46 | 56 [56] | 75 | 100 | 112 | 134 | 175 | (~245) [1,2] | Sehr hoher Wirkungsgrad, aber schlecht bei starkem Wind. | 16 |
| " " 45 " | 30 | 3 | 0,9 | W | 9 | 500 | SD | 1,75 | – | <1 | 4 | 14 | 26 | 36 [49] | 47 | 63 | 83 | 108 | 140 | 178 | ~220 | Ü [1,8] | Kondensator verbessert Kennlinie und steigert Leistung, aber senkt Wirkungsgrad. | 17 |
| " " 45 " | 30 | 3 | 0,9 | W | 9 | 5000 | SD | 1,85 | – | <1 | 6 | 14 | 25 | 36 [48] | 48 | 65 | 81 | 105 | 130 | 170 | ~215 | Ü [1,6] | Kondensatorgröße bringt Verschlechterung gegenüber Nr. 17, nur zur Anpassung sinnvoll! | 18 |
| Bosch 14 V 55 A 20 | 20 | 2,5 | 2x0,63 +2x0,5 | Z | B | – | LKL | 1,85 | – | – | – | – | 5 | 16 | 37 | 55 | 75 | 125 [43] | 170 | 200 | ? | ? | Meßwerte evtl. zu hoch (A-Meter ungenau) Bsp. zeigt: Bei Werksschaltung 3fache Wi-Z. | 19 |
| " " 55 " | 24 | 3 | 4x0,5 | Z | B | – | LKL | 1,9 | – | – | – | <1 | 6 | 20 | 36 | 51 | 69 | [43] 112 | 140 | ? | ? | ? | schlechter als 2⅔-fache! | 20 |
| Paris-Rhône 40 A | 29 | 2⅔ | 0,9 | W | B | | RS | 1,9 | – | – | – | 2,5 | 11 | 22 | 36 | 54 | 66 | 91 [28] | 121 | 155 | 190 [1,6] | | Brauchbar. Mit Trick-Schaltungen wohl besser. | 21 |
| Hitachi 55 A Orig.: 2 Drähte parallel, auf → | | 2 - fache Wi-Z. umgeschaltet | | | B | | LKL | 1,6 | – | – | – | – | – | 7 | 19 | 26 | 37 | 86 | 125 | 170 [49] | ~240 | (~310) | [1,45] Messung 310 W ungenau. Nuten voll, Umwickeln schwierig | 22 |
| Dauer-magnet-generatoren (Rombach) Typ 100 | fertig käuflich (S. 75), nicht selbst umgewickelt. | | | | | | | 1,4 | >1 | 4 | 8 | 11 | 16 [58] | 21 | 26 | 33 | 42 | 56 | 66 | 80 | 105 | 135 | Alle Meßreihen in Sternschaltung an 12-V-(36 Ah)-Batt. An 24 V oder in | 23 |
| Typ 200 | | | | | | | | 1,6 | 3 | 7 | 12 [32] | 19 | 25 | 35 | 48 | 58 | 70 | 94 | 113 | 135 | 185 | 230 [1,2] | Dreieckschaltung höhere Drehzahlen und erheblich höhere | 24 |
| Typ 300 groß | | | | | | | | 2,0 | 7,5 | 15 [72] | 24 | 35 | 50 | 65 | 77 | 86 | 96 | 120 | 160 | 200 | 230 | Ü [1,7] | ← Lädt ab 2,5 m/s mit 2 Watt! Leistungen und Wirkungsgrade (>80%) | 25 |

# Umwickeln (evtl. Umwickeln sparen) bei jeder beliebigen LiMa!

Windungszahl-Richtwert:

Höhere Windungszahl gibt niedrigere Ladebeginn-Drehzahl, niedrigere Leistung und schlechteren Wirkungsgrad. Ab einer bestimmten Windungszahl-Erhöhung läßt sich kaum noch ein früherer Ladebeginn herausholen, während Leistung und Wirkungsgrad rapide sinken. Daher: Windungszahl so hoch wie möglich, aber nicht höher als folgende Richtwerte, die von der LiMa-Schaltart abhängen:

| | | |
|---|---|---|
| Bei Werksschaltung | | Wechselstrom-LiMas 3-fach (max. 3 1/3-fach) |
| | | Drehstrom-LiMas 2 1/2-fach (max. 2 3/4-fach) |
| Bei Schaltung | 1 ,5 ,9 | max. 3 1/3-fach |
| - " - | 2, 3 | max. 4-fach |
| - " - | 7, 8 | max. 3-fach |
| - " - | 4 | Anzapfung für Feldspule bei max. 3 1/3-facher Wi-Zahl |
| - " - | 10 | " " " bei max. 2 3/4-facher Wi-Zahl |

Willst Du eine LiMa mit besonders hoher Leistung bauen und kannst Du eine höhere Ladebeginndrehzahl hinnehmen, wickele weniger Windungen mit möglichst dickem Draht.

## 1. Schritt: Schaltart feststellen!

Wissen mußt Du die Original-Windungszahl und die Original-Schaltart des Stators:

- einfacher Draht, Sternschaltung? (üblich)
- einfacher Draht, Dreieckschaltung? (seltener)
- 2 Drähte parallel? (bei Wechselstrom-LiMas üblich, bei Drehstrom-LiMas selten)

Besonderheit bei Wechselstrom-LiMas: Bei allen, die ich gemessen habe, brachte die einfache Wicklung mit Brückengleichrichter einen merklich besseren Wirkungsgrad als die werksmäßige doppelte Wicklung (2 Drähte parallel) in Gegentaktschaltung. Daher solche LiMas z.B. für 3-fache Wi-Zahl mit nur 1 1/2 mal so viel Drähten pro Nut wickeln und mit Brückengleichrichter betreiben!

Das Umwickeln sparen kannst Du, wenn Du starken Wind hast, bei folgenden LiMas: Ist die LiMa werksmäßig mit zwei Drähten parallel gewickelt, schalte die Drähte hintereinander, schon hast Du doppelte Windungszahl!

Die Wechselstrom-LiMa vom 2-CV hat z.B. 2 Wicklungen, werksmäßig im Gegentakt geschaltet (S.92). Läßt Du den Mittelabgriff frei und schaltest an den Enden 2 Dioden für den + - Pol zu, hast Du einen Brückengleichrichter dran und die doppelte wirksame Windungszahl!

2-CV-LiMa original:

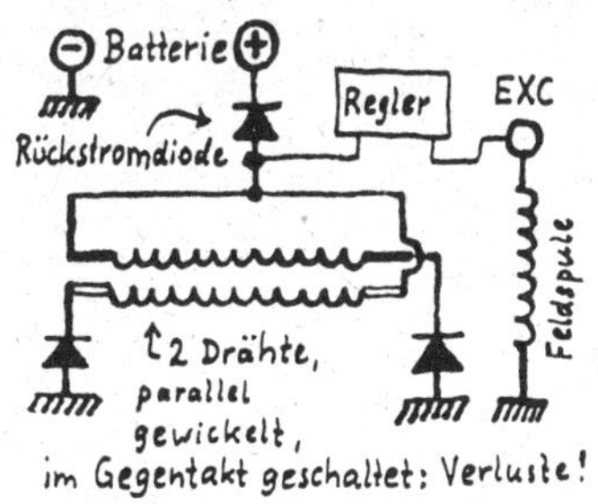


umgeschaltet: doppelte Wi-Zahl, weniger Verluste!

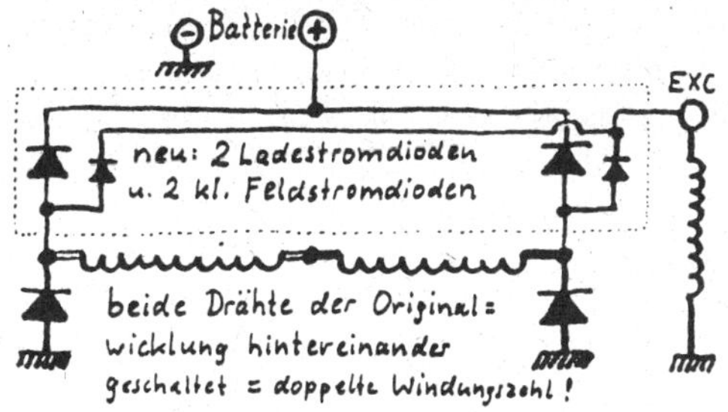


Sehr selten sind Drehstrom-LiMas in Sternschaltung geschaltet und mit 2 Drähten parallel gewikkelt. Es sieht ähnlich wie eine Dreieckschaltung aus, aber die zusammengeschalteten Drähte kommen jeweils aus derselben Nut. Günstig: Sternpunkt suchen, auflöten, von jedem Strang die Wicklungen hintereinander statt parallel schalten.

Manche Drehstrom-LiMas sind nicht, wie z.B. bei Bosch üblich, im Stern geschaltet, sondern im Dreieck! Schaltest Du so eine Wicklung jetzt im Stern zusammen, sinkt die Ladebeginndrehzahl (und die Leistung) um $1/\sqrt{3}$= ca. 0,6, z.B. von 800 auf knapp 500 U/min!

Beispiel: Hitachi-LiMa 50A, von Dreieck- auf Sternschaltung umgeschaltet, lädt mit Repeller 1,6m ϕ ab 5,3 m/sek Windgeschwindigkeit und bringt bei 13 m/sek 300 Watt!

## 2. Schritt: Windungszahl und größtmögliche Drahtstärke ermitteln:

Hast Du die Schaltart festgestellt, zähle bei der Original-Wicklung alle Drähte, die durch eine Nut laufen. Schaltest Du die neue Wicklung wie das Original, mußt Du z.B. für 3-fache Windungszahl natürlich 3x so viele Windungen wickeln, wie Du Drähte gezählt hast. Schaltest Du die neue Wicklung anders, mußt Du zusätzlich umrechnen:

| LiMa hat Original-Schaltung: | 2 Drähte parallel | Δ | ⅄ | |
|---|---|---|---|---|
| Neue Schaltung soll werden: | nur 1 Draht | ⅄ | Δ | |
| Wickele gewünschte Wi.-Zahl mal→ | 0,5 | 0,6 | 1,7 | = Umrechnungsfaktor |
| d.h. für Effekt von 3-facher Wi.-Z.: | 1,5- | 1,8- | 5,1- | -fache Wi.-Zahl wickeln! |

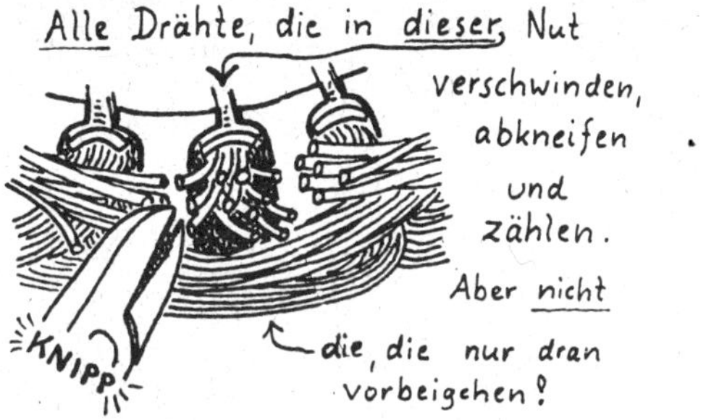


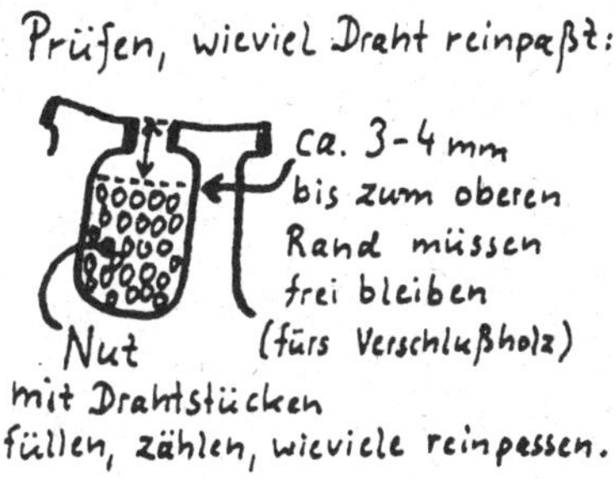


Wenn der Stator abgewickelt und zum Neuwickeln vorbereitet ist, prüfen, wieviel Draht reinpaßt. Werksmäßig waren die Nuten ja nicht voll, und je mehr Drahtquerschnitt wir reinkriegen, umso besser der Wirkungsgrad!

Fülle die Nut mit Stückchen irgendwelchen Drahtes, dessen ϕ Du weißt oder messen kannst, und zähle, wie viele ohne Quetschen und mit Platz fürs Verschlußholz reinpassen. Durch Vergleich der

Querschnitte rechne aus, welchen ϕ der neue Draht haben muß.

Diese Vergleichsrechnung spart Dir das mühsame Ausrechnen der wahren Querschnitte ($=\phi^2 \times \pi/4$): Nimm einfach $\phi^2$ als Vergleichszahlen, das macht nichts, weil Du ja mit genau dem selben Rechenfehler wieder zurück auf den Durchmesser rechnest!

Beispiel: 20 Stücke 1,2 mm passen, 36 müssen rein.

$20 \times 1{,}2^2 = 36 \times (\text{neuer } \phi)^2$

$\text{Neuer } \phi = \sqrt{20/36} \times 1{,}2 = \text{ca. } 0{,}9$

Neuer ϕ ist also max. 0,9 mm. Der wäre etwas steif, mit zwei dünneren Drähten parallel geht's leichter. Zwei nehmen, die zusammen dem Querschnitt $(0{,}9\text{ mm})^2$ entsprechen, z.B.

$(0{,}7\text{ mm})^2 + (0{,}55\text{ mm})^2 \cong (0{,}9\text{ mm})^2$

$0{,}49 \quad + \quad 0{,}29 \quad \cong \quad 0{,}81$

Einfach die Durchmesser addieren wäre ein böser Fehler, es geht um den Querschnitt, daher "zum Quadrat"!!!

Achtung! Nachteil dünner Drähte: Der Anteil an Lack wird immer größer, je dünner der Draht ist. Stärken unter 0,5 mm ϕ vermeiden, sonst ist nachher zu wenig Kupfer in der Nut und der Wirkungsgrad mies.

## 3. Schritt: Das Wickeln!

Bei Wechselstrom-LiMas wickele jede Spule einzeln von Hand direkt auf den Stator. Das geht einfach und Du kriegst es mit dem kürzestmöglichen Draht hin. Wickelrichtung der Spulen abwechselnd, s.Zeichnung! Die letzten Windungen einer fertigen Spule wollen leicht wieder aus der Nut herausschnappen, darum binde jede fertige Spule gleich ab.

Bei der Form der Nuten dieser Statoren bringt Wickeln mit Schablone technische Nachteile: Die Wicklung paßt dann kaum ins Gehäuse, der Draht wird zu lang und macht den Wirkungsgrad mies.

Drehstrom-LiMas wickele in Wellenwicklung, weil man dabei nicht so leicht Fehler machen kann und weil sich das Herstellen einer Schleifenwickelvorrichtung nicht lohnt, wenn Du nur eine LiMa umwickeln willst.

Schablone für Wellenwicklung bauen: Falls die LiMa werksmäßig Wellenwicklung hatte, genau 1 Runde abwickeln, Länge messen, 1-2 cm zugeben (sonst schafft man das Wickeln nur mit großer Übung), Schablone danach bauen. Sonst geht das Abmessen so:

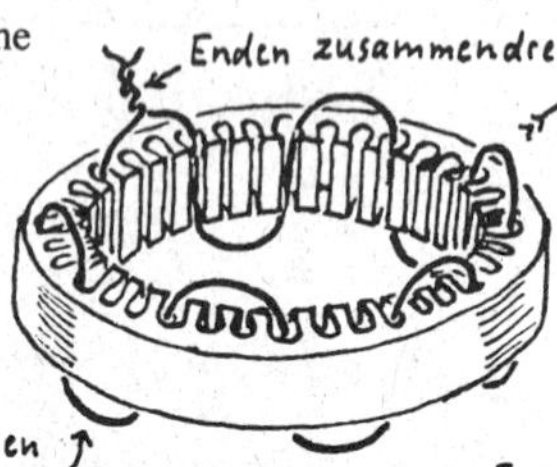

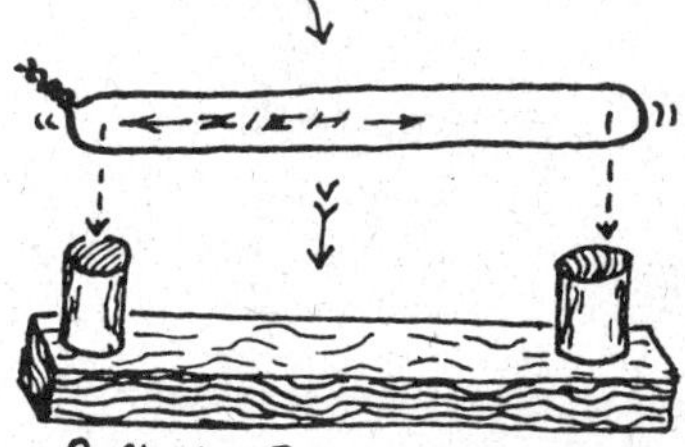

Wickeln damit: S.50.

**Wechselstrom-LiMa:** Schleifenwicklung s. S. 12, Nr. 1, jede Windung einzeln von Hand wickeln (hier: 3 Spulen fertig).

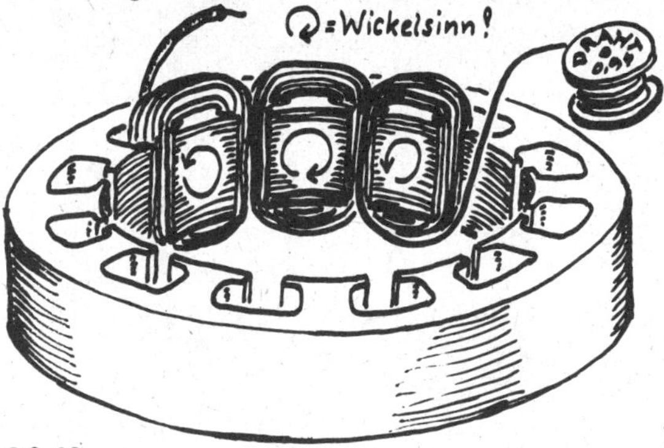


Volle Nuten gleich mit Streifen harter Pappe (möglichst die Original-Verschlußpappen) verschließen:

Bei der Form der Nuten sprin= gen die Drähte sonst leicht wieder heraus!

Pfiffig so abbinden:

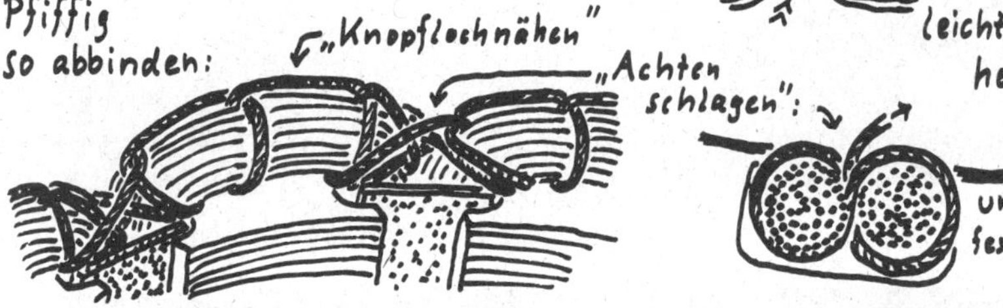

Geöffnete WechselstromliMa mit fertig gewickeltem Stator.

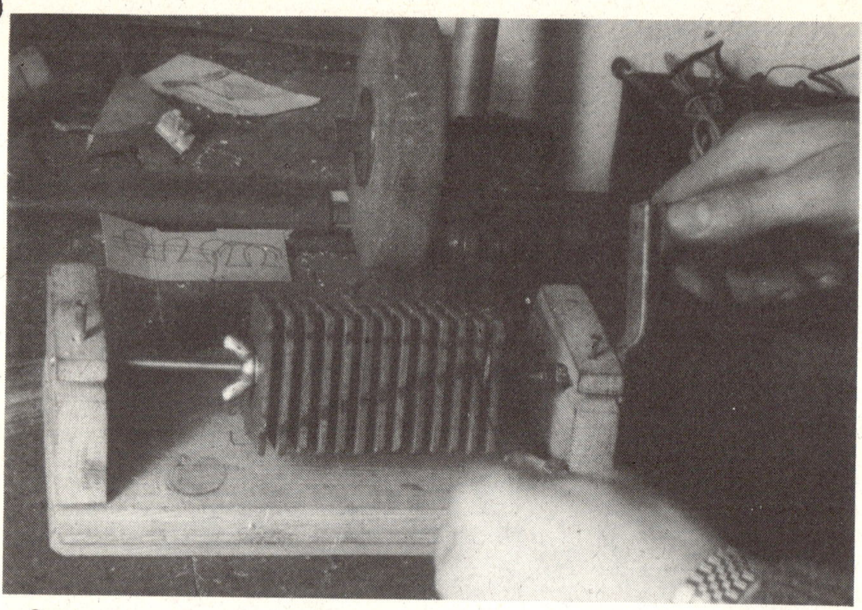

Gebrauch der selbstgebauten Wickelvorrichtung.

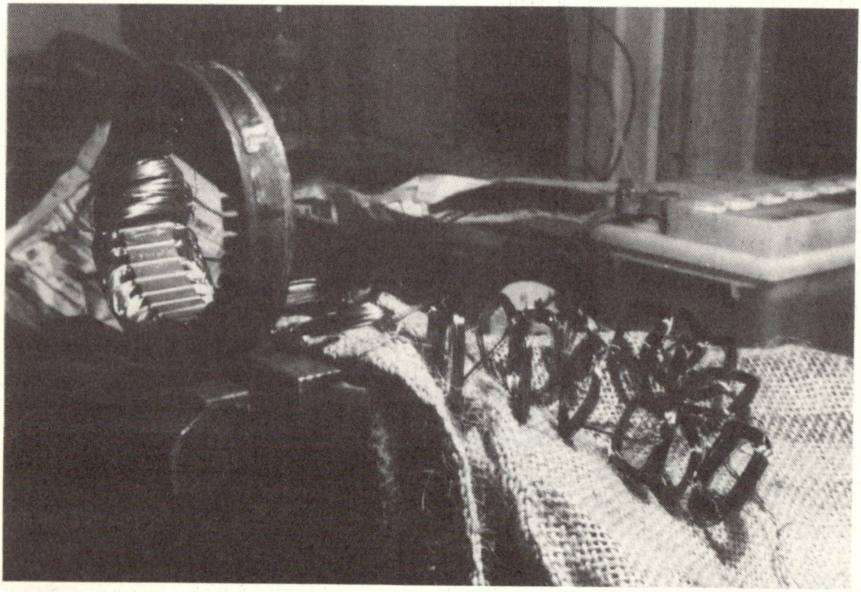

Beim Einlegen der Zopfwicklung. Die 3 ersten Spulen sind nur halb eingelegt, weil je eine Seite der 3 letzten noch darunter kommt. Der Sack schützt die Spulen- Ketten vor Kratzern.

# Wickeln mit der Wickelvorrichtung:



Willst Du 2 oder mehr gleiche LiMas umwickeln, lohnt sich der Bau einer Wickelvorrichtung. Auf diese wickele pro Phase (= pro Strang) 12 Spulen zu je 1/2 so vielen Windungen, wie Drähte in eine Nut müssen, denn durch jede Nut laufen die Drähte von 2 Spulen.

Die 3 Stränge à 12 Spulen kannst Du als Dreilagenwicklung in den Stator legen (wie Ducellier-Original, s.S. 14). Vorteil: Du kannst nicht so leicht Spulen verwechseln, weil die Stränge nacheinander reinkommen. Nachteil: Der 2. und 3. Strang gehen schwer rein, weil die Wickelköpfe der vorigen Stränge die Nuten versperren.

Bei der Zopfwicklung mußt Du aufpassen, nichts zu verwechseln, weil alle Stränge gleichzeitig reinkommen (Kennzeichnen vermeidet Chaos), dafür geht das Einlegen einfach, weil die Spulen sich nicht gegenseitig die Nuten versperren. Man kann mit kürzestmöglichem Draht und sogar etwas dickerem als nach Probe (S.97) wickeln, z.B. nehme ich für Bosch 45-A-LiMas bei 30 Wi (=15 pro Spule) statt 0,9mm ϕ (oder 2 x 0,65 mm ϕ) sogar 0,7 + 0,65 mm ϕ. Kurzer, dicker Draht = wenig Widerstand, hoher Wirkungsgrad.

**Maße** (in mm) **für Bosch-LiMas:**

| | 14V 35A | 14V 45 u. 55A |
|---|---|---|
| A | ~45 | ~52 |
| B | ~40 | ~40 |
| C | 25 | 32 |
| D | 26 | 26 |
| E | 5 | 5 |
| F | Kerbe ca. 1/2 mm tief | |
| G | ca. 5-10° | |

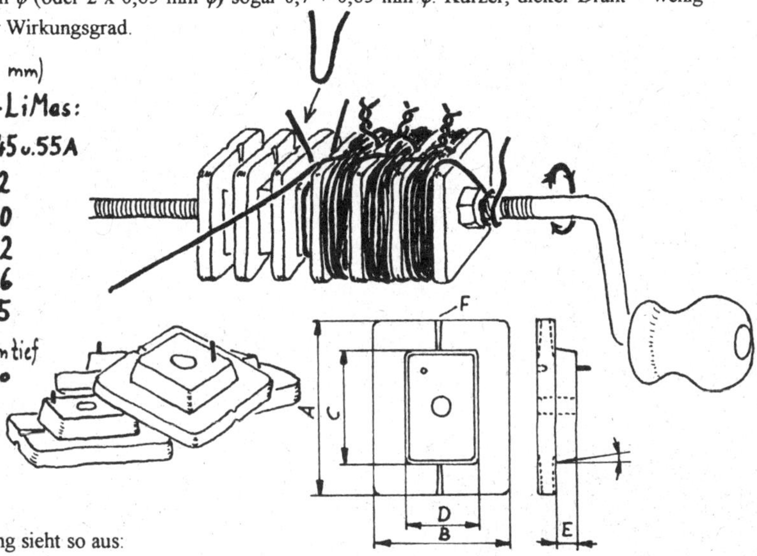


Die Vorrichtung sieht so aus:

Maße auf ± 1mm genau einhalten. Wichtig auch die Schräge, damit man die Spulen nachher vom Wickelkörper runterkriegt. Als Material verwende Hartfaserplatte, 5 mm stark (Obstkistenboden). Sperrholz neigt zum Ausbrechen an den Kanten, woran die Drähte hängen bleiben.

Wickeln: 2 Stückchen Draht zur Schlaufe biegen, in die Kerben der Wickelkammer stecken, die Kammer vollwickeln, und die herausragenden Drahtenden verdrillen, damit die Spulen nachher nicht auseinanderschnappen wie die Feder eines alten Uhrwerkes. Wenn alle 12 Kammern der Vorrichtung vollgewikkelt sind, wird sie zerlegt und eine Kette von 12 Spulen, ein Strang, ist bereit. Das Ganze dreimal und das Einlegen kann beginnen.

An welcher Nut Du mit dem Einlegen beginnst, ist egal. Beachte:

- Reihenfolge der Stränge, immer 1., 2., 3., 1., 2., 3., 1.,...
- Wickelsinn der Spulen immer A↺1. A↺1. A↺1., ↻1. ↻2. ↻2., ↻3.

also je Strang immer abwechselnd ↺, ↻, denn jeder Strang für sich ist eine Wechselstromwicklung wie bei der 2-CV-LiMa (S.12)

- Lage der Spulen (nicht um 90° oder 180° verdrehen)
- die Stränge beim Hin- und Herlegen nicht miteinander verheddern, sonst gibt es bei den Übergängen von einer Spule zur nächsten chaotische Knoten.

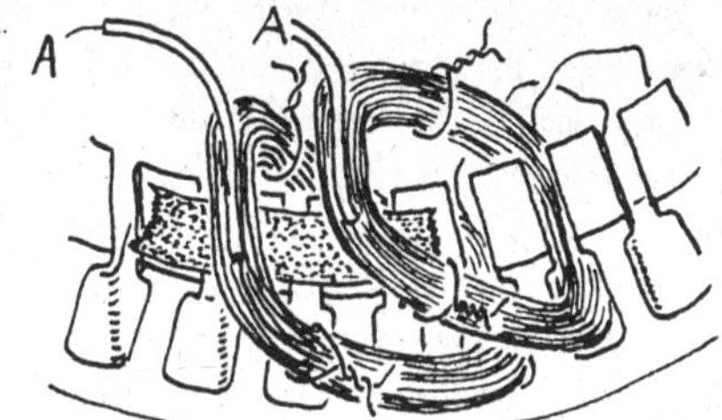


Die erste Spule jedes Stranges wird zunächst nur mit einer Seite eingelegt, weil die letzten Spulen noch unter die anderen Seiten kommen. Drum klebe einige Nuten zu und lege rechts daneben die drei ersten Spulen ein, alle nur mit der rechten Seite, alle im gleichen Wickelsinn, hier gegen Uhrzeigersinn (↺).

Die Drahtstückchen, mit denen die Spulen zugebunden sind, lasse bei diesen ersten ausnahmsweise noch dran, bei allen anderen binde die Drähte unmittelbar vorm Einlegen der rechten Seite ab, dann geht's leichter.

Sind die ersten Spulen aller 3 Stränge drin, kommt die 2. Spule des ersten Stranges. Dafür mußt Du mit dem Drückholz die Nut, in der die 1. Spule 1. Strang liegt, freidrücken, denn die linke Seite der 2. Spule 1. Strang muß auch noch hinein:

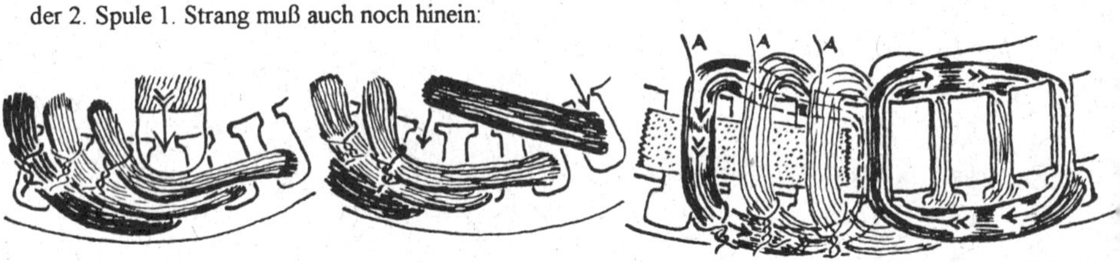


Beachte dabei den Wickelsinn: Die 1. Spulen der 3 Stränge liegen gegen Uzs. (↺), drum müssen die zweiten im Uzs. (↻) rein, s.o.! (Wickelsinn = folge dem Drahtverlauf vom Anfang A des Stranges aus)

Bevor wir vom 2. Strang die 2. Spule einlegen, müssen wir wieder freidrücken, dann geht's ganz leicht, und so drücken wir jetzt immer vorm Einlegen der nächsten Spule frei. Nicht vergessen, sonst geht's schwer!

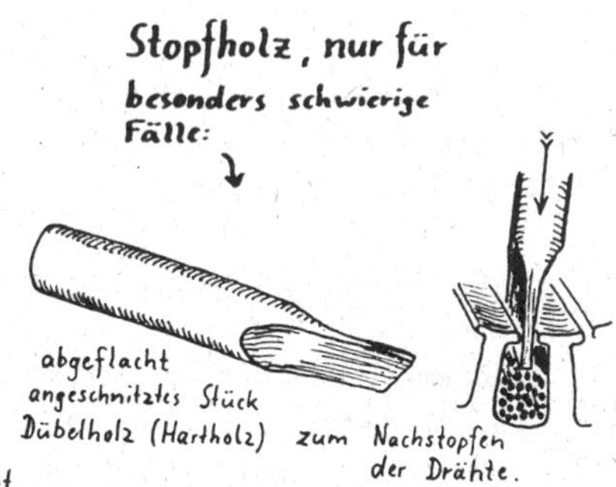


Die rechte Seite jeder Spule kommt stets in die nächste freie Nut und bildet die Unterschicht, die linke Seite muß drei Nuten weiter links hinein und bildet die Oberschicht, genau dort, wo schon die rechte Seite (Unterschicht) der vorigen Spule des selben Stranges liegt.

Immer wenn alle Drähte einer Nut drin sind, stekken wir einen kleinen Holzkeil als Verschluß in die Nut, z.B. ein Stück halbiertes dünnes Dübelholz oder Schaschlikspieß.

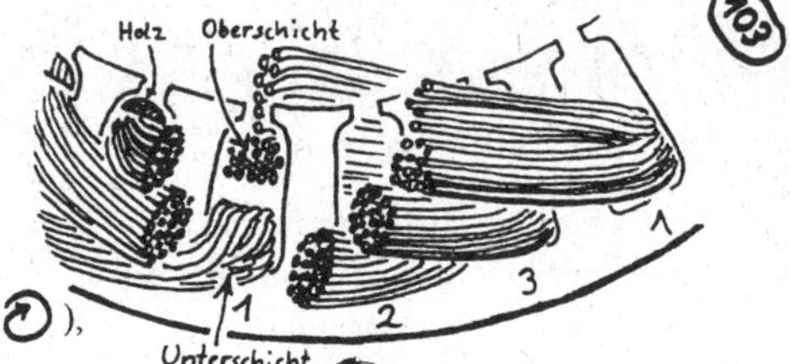


Weiter: Freidrücken, 3. Strang 2. Spule, im Uzs. (↻), in Position bringen, aufbinden, rechte Seite rein, linke Seite über die rechte Seite des 3. Stranges 1. Spule bringen, zwischen den Fingern etwas schmal drücken, damit alles gut durch die Öffnung der Nut paßt, rein damit, Hölzchen drüber.

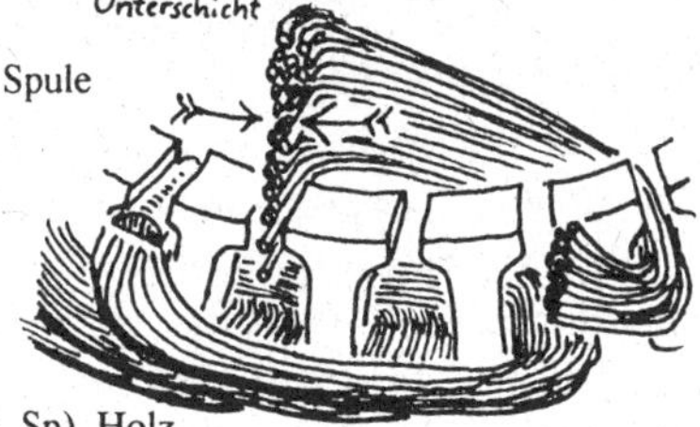

Nächstes: Freidrücken, 1. Str 3. Sp, ↺, Position, aufbinden, rechts rein, schmal, links rein (über 1. Str 2. Sp), Holz.

Frei, 2. Str 3. Sp, ↺, Pos, auf, rechts, links (über 2. Str 2. Sp), Holz.

Und so weiter. Vorletzte 3 Spulen: 1. Str 11. Sp ↺, 2/11/↺, 3/11/↺. Um die letzten 3 Spulen einzulegen, müssen wir die linken Seiten der ersten Spulen hochklappen und den Klebstreifen abreissen. Dann einlegen: 1/12/↺E, 2/12/↺E, 3/12/↺E, und zum Schluß die linken Seiten der ersten Spulen über die 12. rüberklappen. Freidrücken nicht vergessen!

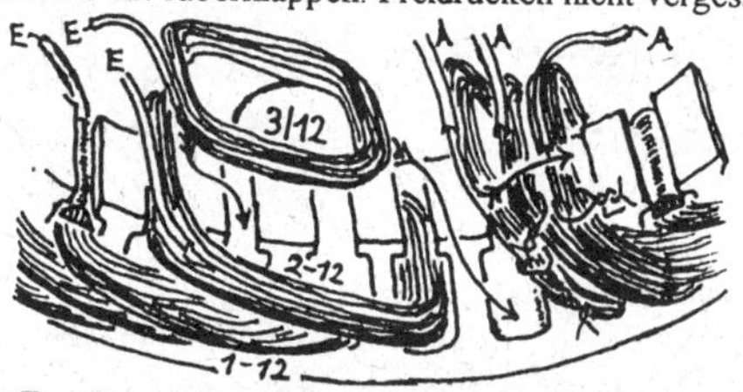


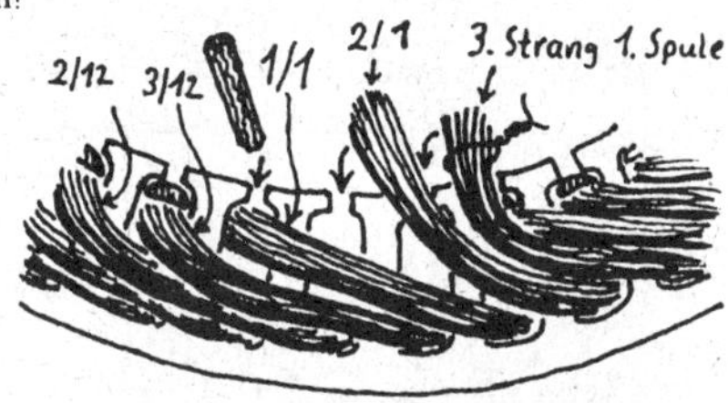


Zur Lage der Spulen: Wenn der Strang von der Vorrichtung kommt, sind alle "Brücken" (Übergänge von einer Spule zur nächsten) auf einer Seite (Oberseite). Die Oberseite muß auch Oberseite bleiben, wir dürfen die Spulen nicht um 90 oder gar 180° verdrehen. Das gäbe unnötig große Drahtschlaufen als Brücken und wir verschenken halbe Windungen. Wenn die Wi-Zahl eines Stranges am Schluß nicht mehr stimmt, wird der Wirkungsgrad der LiMa merklich schlechter. Trick: Die Oberseite noch auf der Vorrichtung mit Farbklecksen versehen, besonders für die Bosch 35-A-LiMa (hat quadratische Spulen, Verwechslungsgefahr).

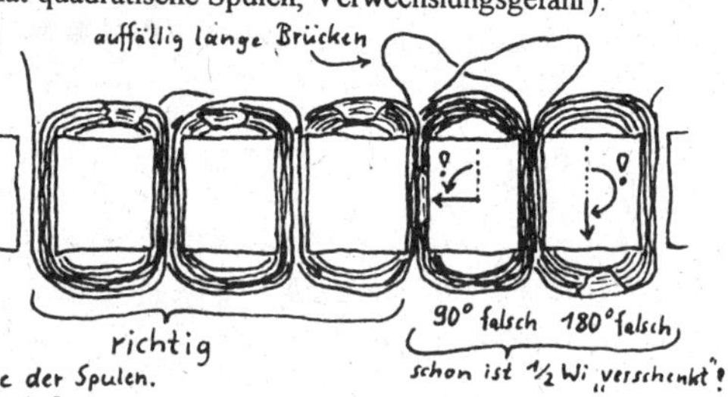

Lage der Spulen.
Der Einfachheit wegen nur 1 Strang betrachtet.

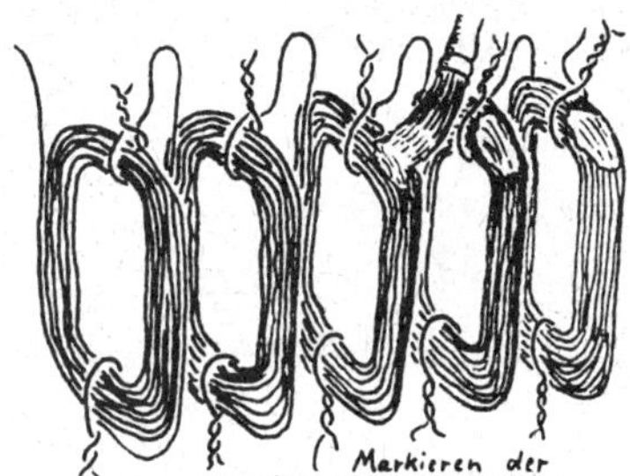
Markieren der Oberseiten mit Farbklecksen.

Zusammenschalten: Die fertige Wicklung hat 6 Anschlüsse. Die 3 Stränge werden so im Stern zusammengeschaltet! Aufpassen! Bei einer fertig eingelegten Wicklung kann man versehentlich einen Strang verkehrt herum anschließen. S. 14!) Ergebnis: hohe Verluste, ganz mieser Wirkungsgrad.

Prüfung mit Probelauf ergibt dann zwar bei jedem Strang gleiche Wechselspannung zwischen Sternpunkt und Phasenanschluß, aber zwischen den Phasenanschlüssen verschiedene Spannungen!

# Andere Beispiele für Rahmen & Sturmsicherung

## • Rechteckiger Holzrahmen für Seitenfahnen- od. Eklipsensich.:

Schraube an die Lichtmaschine zwei Eisenwinkel. Den einen an den Stellen anschrauben, wo die Befestigung im Auto dran war. Für den anderen nimm etwas längere Schrauben anstelle derer, die das Gehäuse zusammenhalten, falls die LiMa nicht 3 Befestigungslaschen hat. An die Winkel schraube zwei starke Hartholzbretter, die am anderen Ende durch ein Vierkantholz verbunden sind.

Gute Holzverbindung:

An das Vierkantholz kommen zwei Scharniere und zwei Leisten daran, an denen die Windfahne festgeschraubt wird. Eine Querleiste dient als Verstärkung.

Die Sturmfahne schraube an eine seitlich abstehende Latte und verstärke mit einer zusätzlichen Strebe schräg nach vorn.

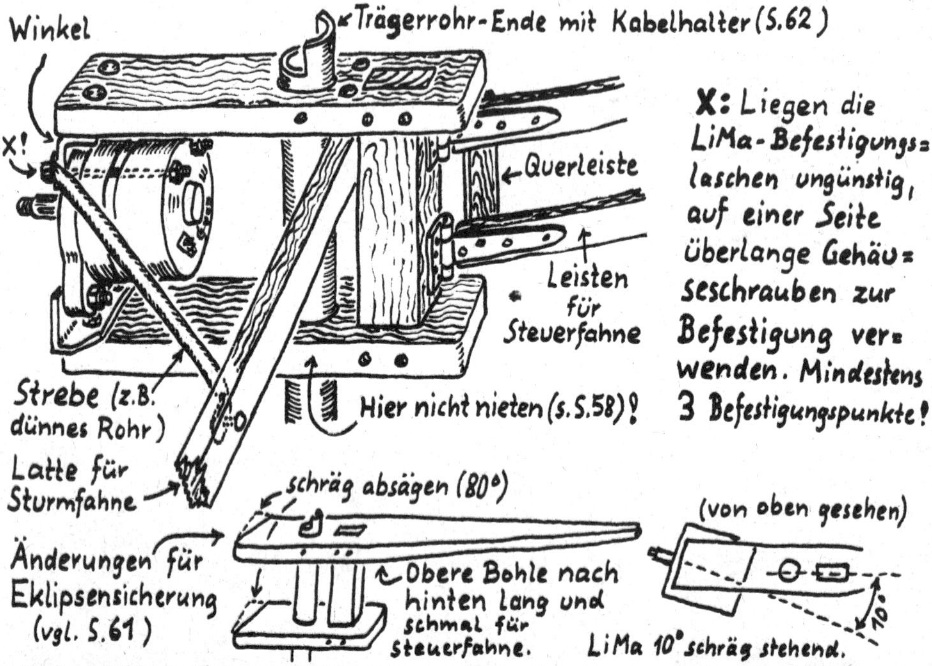


Wichtige Maße für Steuerung und Seitenfahnen- Sturmsicherung, bezogen auf die Repellergröße. In Klammern Werte für 1,8 m Repeller-$\phi$ (ca 2,5 m² Drehkreis):

Abstände zum Mastdrehlager:

Abstände Repellerdrehkreis - Mastdrehlager: ca. 1/4 - 1/3 Repeller-Radius (~ 25 cm)

Steuerfahnenmitte - Mastdrehlager: über 1 bis 1 1/2 mal Repeller-Radius (~ 1,10 m)

Sturmfahnenmitte - Mastdrehlager: ca. 3/4 mal Repeller-Radius (~ 70 cm)

Steuerfahnenfläche: ca. 1/12 der Repellerdrehkreis-Fläche (~ 0,2 m²)

Sturmfahnenfläche: ca. 1/25 der Repellerdrehkreis-Fläche (~ 0,1 m²)

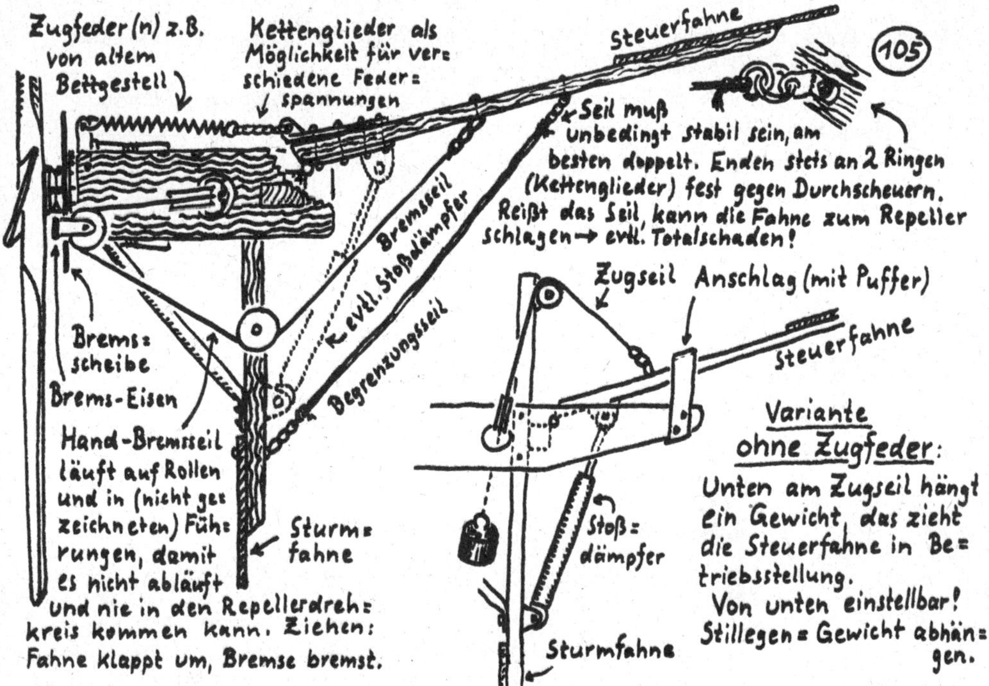


Schrägstellung der Steuerfahne: ca. 15°, mit Begrenzungsseil regulieren. Die richtige Vorspannung der Zugfeder probier aus: Erst schwach spannen, bei Bedarf langsam strammer ziehen. In stürmischen Gegenden verhindere ruckartige Schwenkbewegungen mit einem Stoßdämpfer zwischen Steuerfahne und Rahmen. Besonders elegant, aber selten im Schrott, ist ein alter Türschließer dafür.

# • Bauart mit Helikopter-Sicherung:

Diese Ausführung baut auf der des Wettbewerbswindrades auf. Sie ist einfach nachzubauen und hat noch einige Verbesserungen. In diesem Fall ist sie aus Wasserrohrresten zusammengebraten, die ich gerade hatte. Ein Holzrahmen gleicher Größe eignet sich ebenso.

Die Steuerfahne des Windrades hat leichtes Übergewicht. Es würde also von selbst in Sturmstellung kippen, wenn kein Gewicht am Zugseil wäre oder das Seil reißt. (Prinzip und Funktion "extra prima" S.19 ) Das Seil läuft auf Rollen über den Ausleger am Trägerrohr und zieht das Windrad an der Steuerfahne in Betriebsstellung. Hier stört der lange Ausleger nicht die Aerodynamik am Repeller. Durch die Anordnung des Seils ist der Hochreiß-Effekt (S. 19) beseitigt. Das Windrad kippt mit zunehmendem Wind stetig höher und ein starker Dämpfer ist nicht nötig, ein unveränderter alter Autostoßdämpfer reicht. Er sitzt außen am Trägerrohr, weshalb das Mastrohr ein dünneres Stück Rohr als Ende fürs Lager bekommt.

Die Helikoptersicherung wird nur vom Winddruck auf den Repeller ausgelöst, drum habe ich noch eine zweite automatische Sturmsicherung mit Fliehgewichten gebaut, die bei zu hoher Drehzahl das Zugseil aushängen (S.109).

Ist das Windrad in Sturmstellung gekippt, drückt auch der Bremsklotz gegen die Repellernabe. So hat das Windrad zwei automatische Sturmsicherungen, Handbremse und Arretierung, es übertrifft die

Genehmigungsvorschriften für größere Windräder also bei weitem. Damit könnte man bei amtlichen Prüfern echt Eindruck schinden!

Hier der Aufbau mit den wichtigsten Maßen für 1,8m Repeller-ϕ. Für kleinere Repeller brauchst Du nur die Sturmsicherung empfindlicher einzustellen (leichteres Gewicht am Zugseil), kannst aber auch alles verkleinern.

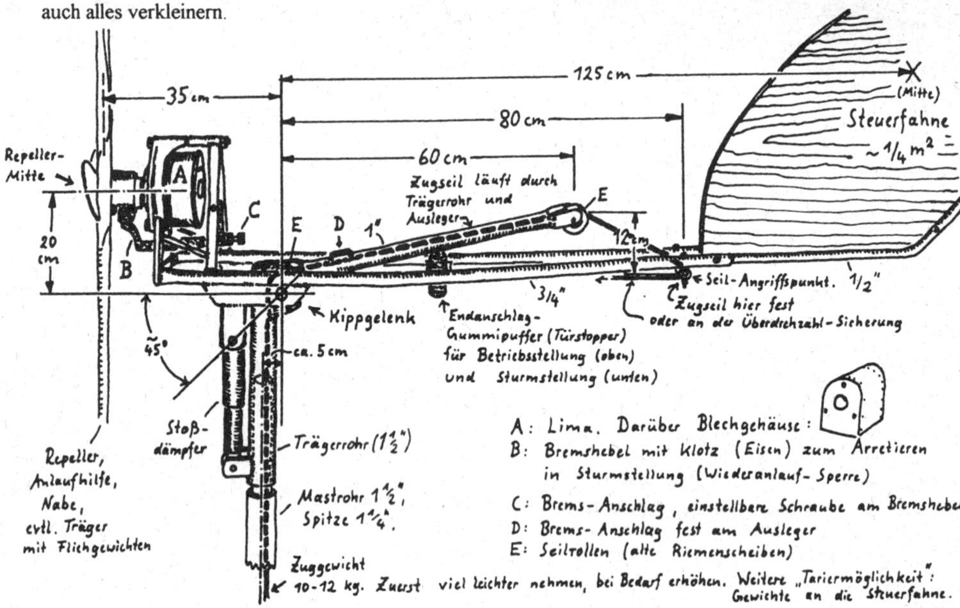


Wirkungsweise des Seilzuges: Der wirksame Hebel ändert sich beim Hochkippen.

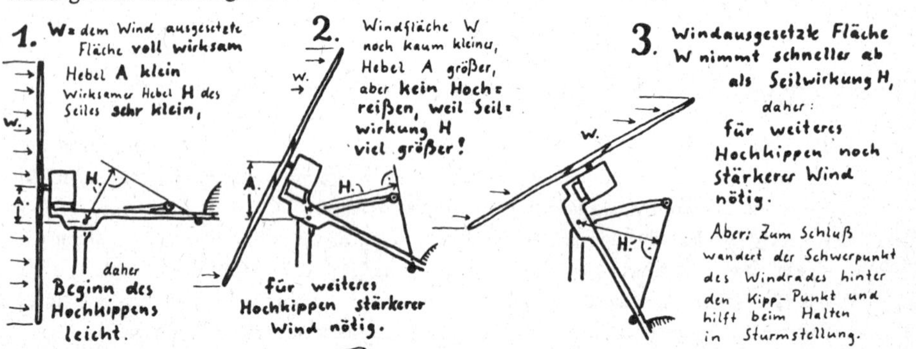


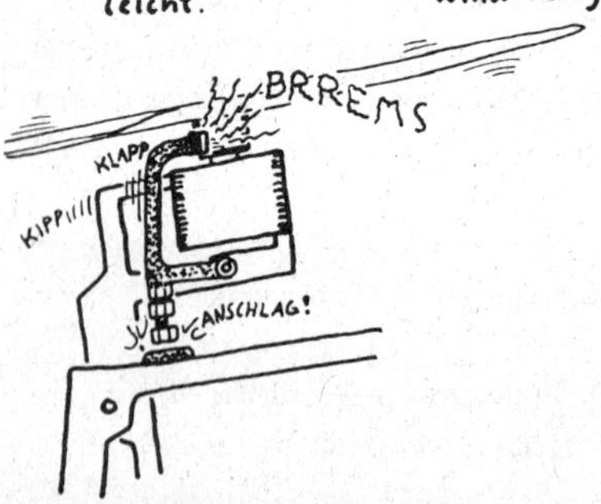


Funktion der Wiederanlauf-Sperr-Bremse: Kurz vor Endanschlag in Sturmstellung drückt der Ausleger des Trägerrohres auf die Anschlagschraube am Bremshebel, das drückt ihn mit dem Klotz gegen die Nabe. Anschlagschraube so einstellen, daß der Klotz voll bremst, wenn der Endanschlag-Gummipuffer noch 1cm Abstand vom Trägerrohr hat.

Windrad mit Helikoptersicherung in Betriebsstellung. Gewicht abgehängt - schon halb in Sturmstellung

## Überdrehzahl - Sicherung, ein kleines Edel-Bastelwerk!

Zwischen Nabe und Repeller bauen wir, parallel zur Anlaufhilfe, ein dickes Flacheisen an, das die Fliehgewichte trägt. Dann wirkt das Gewicht der Sicherung mit als Massenträgheitsmomenten-Ausgleich. Die Hilfsflügel können leichter sein (s.S. 42) und auch mit ans Flacheisen geschraubt werden.

Sobald die kritische Drehzahl erreicht ist, rutschen die Fliehgewichte ein Stück nach außen und reißen einen dünnen Kupferdraht durch. Der hielt vorher die Aufhängung fürs Zugseil fest. Nun zieht das Seil sie weg, rutscht ab, und das Windrad kippt in Sturmstellung. Das funktioniert natürlich nur, wenn ein ausreichend langes Stück Seil freigegeben wird und das Gewicht in Betriebsstellung dicht überm Erdboden hängt.

Sehr wichtig: Bei Windrädern mit Überdrehzahl-Sicherung muß unbedingt ein Dämpfer ans Kippgelenk bzw. die Steuerfahne, sonst könnte es in vollem Lauf ruckartig rausschwenken (Kreiselkräfte s.S. 16).

Beim Bau beachten wir, daß nach dem Auslösen der Sicherung kein Teil aus Versehen in den Bereich der drehenden Teile kommen kann. Das Seil läuft entsprechend in Führungsösen, und sein Ende ist nahe der Steuerfahne befestigt. Die Aufhängung ist so weit weg vom Repeller befestigt, daß sie ihn nicht berühren kann.

Der Haken, der den Kupferdraht der Sicherung hält, ist nicht supermassiv, damit er, falls Repeller oder Sicherung jemals dagegenschlagen, sich wegbiegt. So eine Panne kam uns in den 20 Jahren Windradbau nie vor, ist aber durch Lagerschäden in der LiMA theoretisch denkbar und hätte böse Folgen: Der Repeller könnte in Fetzen davonfliegen, denn blockiert das Windrad, könnte sein eigener Schwung ihn zerreißen.

## Bau-Beispiel für Helikoptersicherung (S. 106):

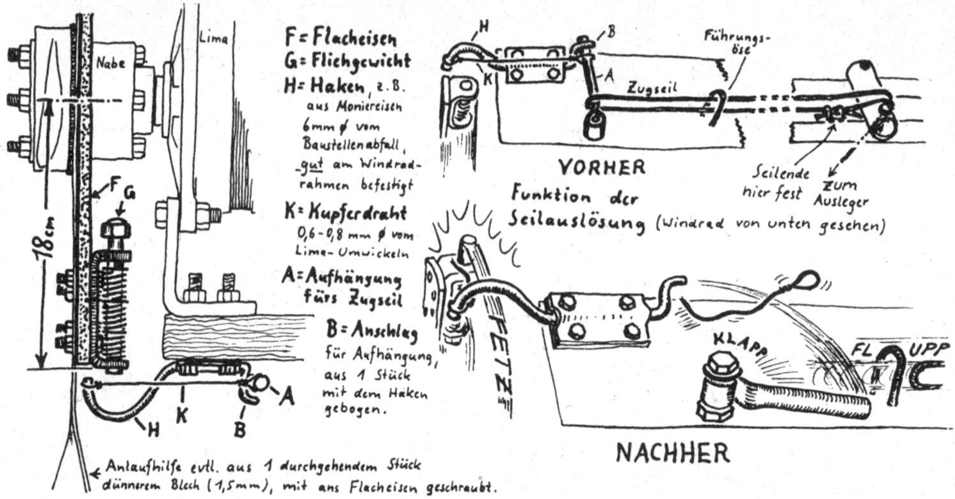


Bei Windrädern mit Seitenfahnen-Sicherung oder Eklipsensicherung können wir statt des Seiles die Zugfeder z.B. mit einem Stück Kette an die Aufhängung haken.
Beim Betrieb ist die Zugfeder gespannt, bei Auslösung zieht sie sich zusammen.

Hier zwei Möglichkeiten: Entweder kann sie die Steuerfahne in den Wind halten, z.B. für Seitenfahnensicherung und für Eklipsensicherung mit Steuerfahne am langem Schwenkarm, wie bei Seitenfahnensicherung beschrieben (S. 104). Dies funktioniert auch bei kaputter Feder.

Oder sie ist bei Normalbetrieb wirkungslos und zieht bei Auslösung durch Sturm die Bremse. Diese Bauart versagt bei kaputter Feder.

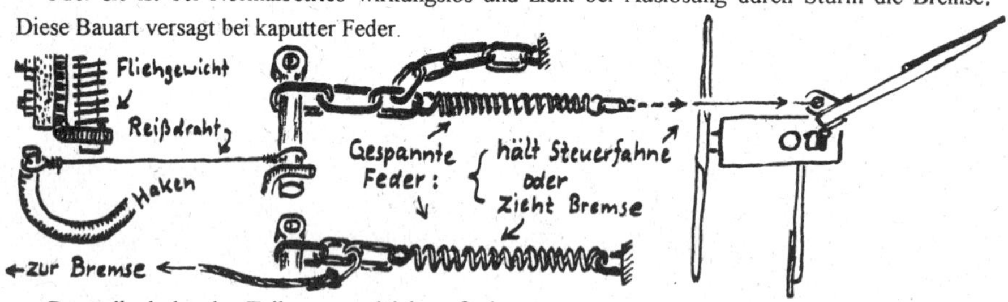


Baue alle drehenden Teile genau gleich groß, dann hast Du nachher schon ziemlich gutes Gleichgewicht. Das Flacheisen mit den Sicherungen mußt Du genau so sorgfältig auswuchten wie den Repeller, sonst gibt's vielleicht schon beim Test an der Bohrmaschine 'nen bösen Unfall. Damit Du nachher überhaupt an der Bohrmaschine testen kannst, bohre im Mittelpunkt des Flacheisens ein Loch mit 10 mm ϕ genau gerade. Zum Auswuchten stecke da eine M-10-Schraube mit glattem Schaft durch und lasse das ganze auf zwei waagrechten Schienen auspendeln. Zum Auswuchten feile an den Enden des Flacheisens.

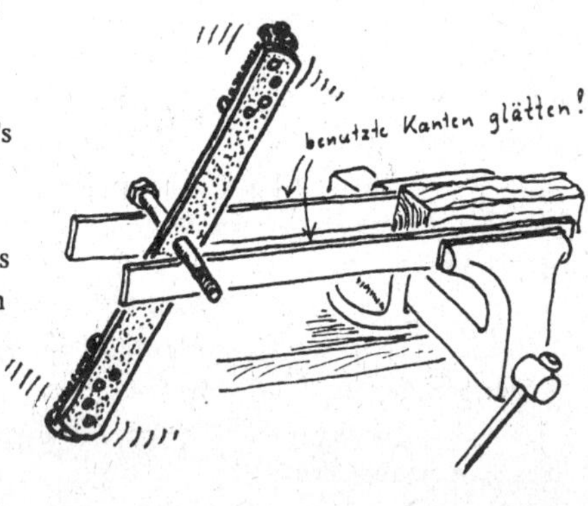

Die Flieh-Gewicht-Führungen befestige mit mehreren guten Nieten oder Schrauben am Flacheisen. Sie dürfen sich keinesfalls lösen, auch nicht, wenn sie voller Wucht gegen den Haken hauen, sie würden sonst wie Geschosse weggeschleudert!

Die beweglichen Teile der Sicherung dürfen nicht festrosten. Die Aufhängung fürs Seil können wir aus Kupferrohr machen (Klempnerei-Abfall). Für Drehpunkt baue eine Buchse ebenfalls aus Kupferrohr, damit die Aufhängung nicht auf der Schraube festrosten kann.

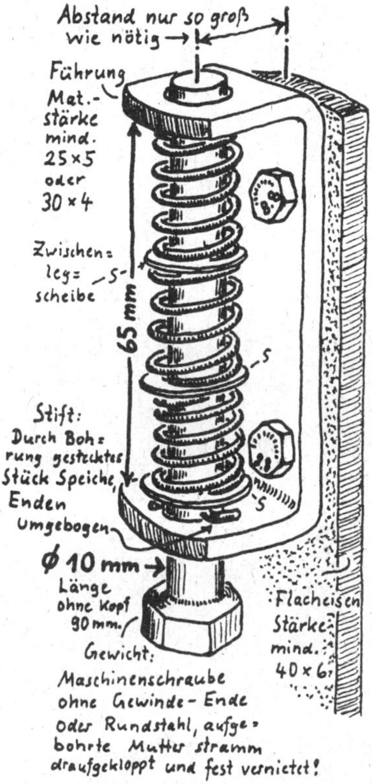


Für die Fliehgewichte ist Kupfer zu weich und in den nötigen Stärken kaum zu finden. Wenn wir welchen kriegen, machen wir Gewichte und Führungen aus rostfreiem Stahl (aus der Nirosta-Ecke auf dem Schrottplatz), die Federn aus rostfreien Fahrradspeichen und die Scheiben zwischen den Federn aus Niro-Blech von Waschmaschinentrommeln.

Notfalls können wir Gewichte und Führungen aus Eisen machen, wenn wir die Führungslöcher und die Löcher in den Scheiben ca. 2 mm zu groß bohren. Dann bewegen sich die Gewichte selbst mit dicker Rostschicht noch.

Verzinkte Fahrradspeichen als Federn sind brauchbar, weil sie durch Rost nur lascher werden und die Sicherung dann früher reagiert. Wenn Du Eisengewichte verwendest, wickle die Federn nicht zu eng, sonst rostet das Gewicht womöglich in den Federn fest.

Bewegliche Eisenteile kontrolliere regelmäßig, halte sie gängig und fette sie stets gut ein.

## „Eichen" der Sicherung:

*) 1200 U/min für 1,8-m-Repeller, kleinere dürfen schneller laufen: 1,6 m ⌀ = 1500 U/min, 1,4 m ⌀ = 2000 U/min. (s.S.61)

Zum Drehzahl-messen brauchen wir eine "Stroboskobscheibe" (s.S. 88 ). Spanne eine Schraube mit glattem Schaft und abgesägtem Kopf (M10) fest in eine regelbare Bohrmaschine und schraube die Sicherung samt Stroboskopscheibe sicher zwischen zwei Muttern aufs Gewinde-Ende. Die Maschine befestige gut auf der Werkbank, und klebe ein Stück Pappe so fest, daß die Enden der Fliehgewichte draufhauen, wenn sie rausrutschen.

Gib "Gas" (sachte!) und guck, was passiert. Bei 1000 U/min soll noch nichts passieren, bei 12oo Touren*) sollen die Gewichte rauskommen und bei 1500 Touren längst draußen sein. Prüfe beide Sicherungen einzeln, indem Du jeweils bei einer Sicherung einen Klebstreifen zwischen Führung und Endanschlag ums Gewicht wickelst. Beide sollen bei etwa gleicher Drehzahl reagieren.

Entsprechend spanne die Federn. Bei den angegebenen Maßen und 1 1/2 cm Federweg sind 3 Federn aus 28"-Radspeichen, gut langgezogen, etwa richtig. Die Federn sollen auch in Ruhestellung viel Spannung haben, denn dann rutschen die Gewichte erst bei der "kritischen" Drehzahl plötzlich raus. Sind die Federn in Ruhestellung lasch, reagiert die Sicherung ungenau und schon bei viel niedrigerer Drehzahl stückweise.

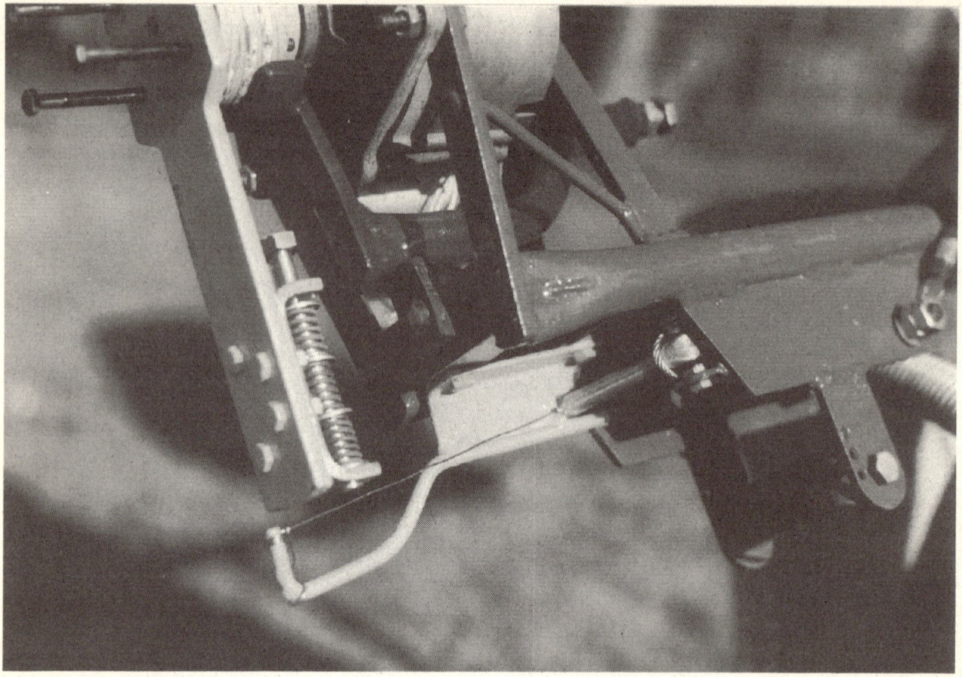

Die Sicherung: Eisen mit Fliehgewicht, Haken, Kupferdraht, Seil-Aufhängung.

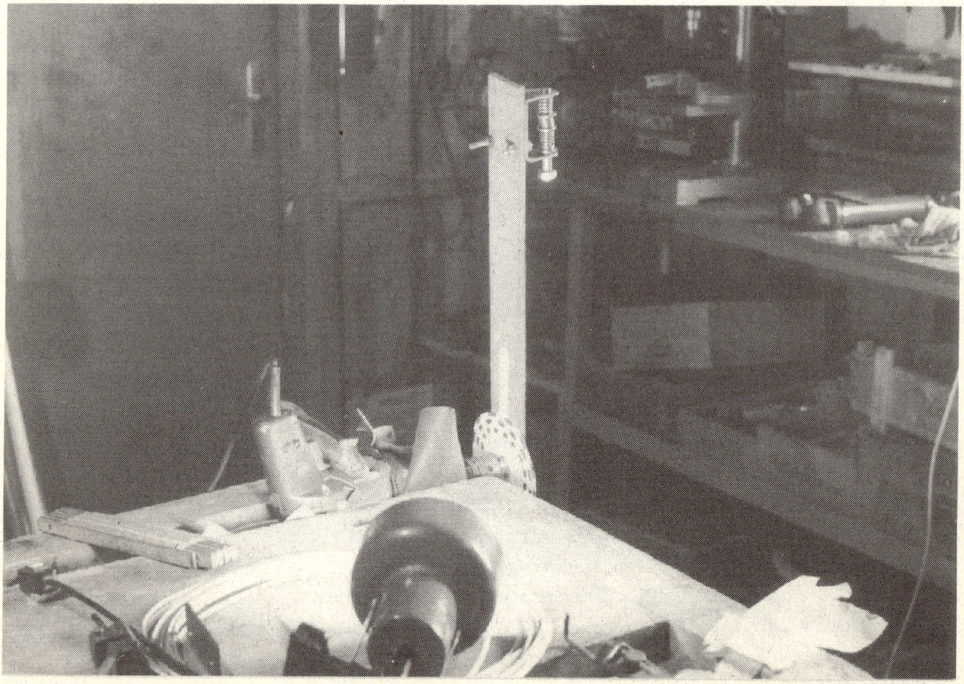

Eichen von Fliehgewichten - hier für einen 4 m Ø - Repeller auf 420 U/min.

## Eins der letzten alten Selbstversorger-Windkraftwerke Deutschlands-abgerissen...!

Einer von der Hallig Hooge erzählte mir, daß schon sein Opa dieses Windrad kannte. Seit Generationen wurde dieses wild-romantische Bastelwerk immer wieder geflickt und überstand so die schwersten Stürme. Noch 1976 machten die Halligbauern damit ihren Strom selber, bis dann die Schleswag sich der armen Notleidenden erbarmte und mit dem dicken Fortschritt ankam: 10 Jahre (Atom)strom gratis! So steht's in den Schleswag-Nachrichten 1979. Aber wie dann die Stromrechnung im 11. Jahr aussah, nachdem sich alle in den Konsum gestürzt hatten, verschweigen wir lieber...

Doch es regt sich bei den Hütten (Photo S. 112):

Seit 1981 schnurrt dieses Windrad als Stromversorgung einer einsamen Öko-Töpferei bei Duderstadt fröhlich vor sich hin. Es ist eins der ersten nach diesem Plan gebauten Windkraftwerklis. Nur weiter so!

## „Liebe Leser..." (oder wie soll ich's sonst schreiben),

nun hoffen wir, daß dieses Heft nicht bloß im Bücherrgal verstaubt, sondern daß ihr mit großer Begeisterung lauter schöne Windräder baut und massenhaft Atomstrom spart. In unserem Zeitalter

... und eins der ersten neuen Selbstversorger-Windräder!

grenzenlosen Konsumwahnsinns, wo ein "Recycling-System" das Gewissen beruhigt, weil es den Dreck versteckt und den Qualm unsichtbar macht, verprassen wir mehr Energie und Rohstoffe als jemals zuvor. Das einzige, was die Öko-Bewegung erreicht hat, ist, daß keiner mehr was von der Verschwendung merkt. Wirklich?

Kaum noch einer glaubt, daß wir aus solchem Müll, wie's hier im Heft steht, erstklasige Windräder bauen können, ja sogar bessere als neue ab Fabrik, wie der 1.Preis beim bundesweiten Kleinwindrad-Wettbewerb bewies. Gut ist nur ein Windrad, das auch umweltfreundlich hergestellt wurde. Und: Umweltschutz kann man nicht einfach als Produkt kaufen, er ist eine Lebenseinstellung. Schlimm wär's, zum Atomstrom nun noch ein bißchen "Ökostrom" zusätzlich zu konsumieren...

Doch es geht auch anders, auch heute noch! Wir freuen uns, wenn alle Leute uns schreiben, die ein Windrad nachgebaut haben. Außerdem würden wir gerne diese Adressen an Windradbastler in der selben Gegend weitergeben, damit sich möglichst viele gegenseitig unterstützen können. Wir können von hier aus unmöglich all den Bastlern, die schon weit über die Grenzen der Republik hinaus am Werk sind, direkte Hilfe geben.

Wir freuen uns über Verbesserungen und pfiffige Ideen. Diese Anleitung gibt es jetzt seit 16 Jahren und bei jeder Neuauflage kamen Tricks von uns und anderen Edelbastlern hinzu. Nichts ist so gut, daß sich nichts mehr daran verbessern ließe.

Übrigens haben wir gelegentlich auch ein komplettes Windrad abzugeben, weil wir nicht alle Windräder, die wir für Forschungszwecke bauen, auf die Dauer bei uns aufstellen können.

Viel Lebens- und Bastelfreude wünscht - die Autorengruppe!

Adresse: Christian Kuhtz, Dammstr.44 Hof, 24103 Kiel

Da gibt es auch die Bau-Hefte, wenn der Buchhandel sie nicht bestellt.